# 青少年灾害防范自救

FANG FAN ZI JIU

# 飞云掣电：雷电灾害的防范自救

面对突然的灾难
如何及时做出最正确的选择

徐帮学◎编著

## FANG FAN ZI JIU

学会自我保护，树立防范意识

未成年人自我保护的指南针

青少年健康成长的保护神

一书在手，灾害远离

青少年
灾害防范自救

河北科学技术出版社

**图书在版编目（CIP）数据**

飞云掣电：雷电灾害的防范自救 / 徐帮学编著 . —
石家庄：河北科学技术出版社，2014.5

ISBN 978-7-5375-6181-5

Ⅰ.①飞… Ⅱ.①徐… Ⅲ.①防雷—青年读物②防雷
—少年读物 Ⅳ.① P427.32-49

中国版本图书馆 CIP 数据核字 (2014) 第 037065 号

**飞云掣电：雷电灾害的防范自救**

**徐帮学　编著**

出版发行：河北科学技术出版社
地　　址：河北省石家庄市友谊北大街 330 号
邮　　编：050061
印　　刷：三河市燕春印务有限公司
开　　本：710×1000　1/16
印　　张：13
字　　数：180 千字
版　　次：2014 年 5 月第 1 版
　　　　　2016 年 5 月第 2 次印刷
定　　价：29.80 元

# 前 言

　　人类文明史的进程，是一个与各种灾害相抗衡、与大自然相适应的艰难历程。随着经济与社会的不断发展，社会财富快速积累，人口相对集中，各种自然灾害、意外事故等对人类的生存环境和生命安全构成的威胁越来越严重。尤其是近些年来，地震、洪水、台风、滑坡、泥石流等自然灾害，以及各种突发性疫情、火灾、爆炸、交通、卫生、恐怖袭击等伤害事故频频发生。这些"潜伏"在人生道路上的种种危险因素，不仅会造成巨大的经济损失，更为严重的是会造成人员伤亡，给社会和家庭带来不幸。这些事件看起来似乎离我们很遥远，但事实上，每个人都处于一定的安全风险中，而且谁也无法预料自己在何时何地会遇到何种灾难。

　　人无远虑，必有近忧。因此，不要等到地震来临时，才想起不知道最佳避震场所的位置；不要等到火灾发生时，还想不起逃生通道在哪里或是不知道灭火器怎样使用；不要等到车祸发生时，因惊慌失措而枉自送了自己的性命；也不要等到遭受人身侵害时，才想起当时不该疏忽大意……

　　古人云："居安思危，有备无患。"这话就是提醒我们在平时就应注意防范身边可能出现的各种危险，并做好充分的准备。曾经发生的灾难给我们留下了血的教训，倘若我们平时能够了解、积累一些有利于自我保护的基本常识和技巧，并加以适当的训练，那么，当我们陷入突如其来的困境和危险时，就会镇定自若、从容应对，产生事半功倍、化险为夷的效果。

　　人最宝贵的是生命，生命对于每一个人只有一次。特别是青少年，掌握一些防灾自救的安全常识，是必不可少的。只有了解掌握这些宝贵的知识，才能在紧要的危急时刻，临危不乱，有方法、有步骤地采取积极有效的措施，将各种灾难带来的损失降到最低。

　　为此，我们特意编写了本套图书，主要内容包括"自然灾害""火场危害""交通事故""水上安全""中毒与突发疾病""突发环境污染"等，主要针对日常生活中遇到的各种灾害问题作了详细解答，并全面地介绍了防灾避险以及自救的知识。我们衷心希望本套图书能够帮助青少年迅速掌握各种避险自救技能。广大青少年要牢牢记住：你的安危，牵系全家的幸福。让我们给你的幸福再加一道保险！谁都无法预测明天会发生什么！注意——危险时刻会发生！防患于未然，只有懂得更多自救措施，才能更有效地保护自己，救助他人！珍爱生命，关爱身边的人，让我们细读这套书，一旦身处危难，我们能够用科学的方法自救和救助他人，一道去守护危境中的生命！

# Contents 目 录

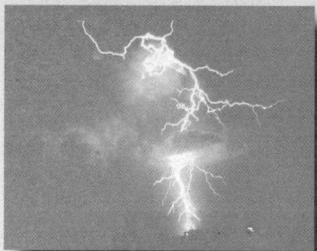

## 第三章　有备无患——防雷避雷常识

## ▌第四章　现场救护——雷电灾害的自救

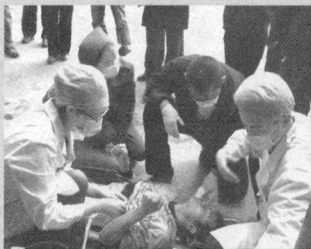

# 第一章

## 电闪雷鸣——认识雷电现象

　　惊天动地的雷声，划破长空的闪电，充满着一种狂暴与神秘的力量，古人对它更是心存敬畏，把雷鸣电闪与上苍惩恶除奸联系在一起，给它披上了正义的外衣。雷电是伴有闪电和雷鸣的一种雄伟壮观而又有点令人生畏的放电现象。

# 雷与雷鸣

所谓雷是因为在下雨的时候，带异性电的两块云相接，空中闪电发出强大的声音。

闪电是一种放电现象，它是雷雨云体内各部分之间或云体与地面

电闪雷鸣

之间，由于有不同的带电性质而形成很强的电场。因为闪电通道狭窄、通过的电流太多，这就导致闪电通道中的空气柱被烧得白热发光，并使周围空气受热而突然膨胀，即使云滴也会在高热的条件下突然发生汽化膨胀，这样就导致了雷鸣的产生，它是一种巨大的声响。在云体内部与云体之间产生的雷为高空雷；在云对地面闪电中产生的雷为"落地雷"。

在闪电的时候，由于其通路中的空气突然剧烈增热，温度特别高，所以导致空气急剧膨胀，通道附近的气压可增至一百个大气压以上。

随后发生冷却,空气收缩,压力降低。这一切发生的时间特别短暂,仅有千分之几秒,因此,在闪电发生的同时就会有冲击波。冲击波以相当高的速度向四面八方传播,在传播过程中,它的能量很快衰减,而波长则逐渐增长。闪电发生过后的瞬时,冲击波就演变成了声波,此时,人们就会听见雷声。

除此之外,还有另外一种说法,即雷鸣是在高压电火花的作用下,因为空气和水汽分子分解而形成的瓦斯发生爆炸时所产生的声音。在雷鸣的声音最初产生的时间内有着与爆炸相同的声波。这种爆炸声波传播的速度特别快,在很短时间内就可以演变为普通声波。

从听觉上来讲,雷鸣可以分为两种:一种是清脆响亮,它如爆炸声一样,因此被称为"炸雷";另一种是沉闷的轰隆声,也叫"闷雷"。除此之外,还有一种低沉的隆隆声,它的声音如同推磨声,所以被称为"拉磨雷",但它只是闷雷的一种形式。

通常来说,炸雷是距观测者很近的云对地闪电所发出的声音。此时,观测者在见到闪电之后,马上就听到雷声;有的时候看到闪电的时候就能听见雷声。由于闪电就在观测者附近,它的爆炸波还来不及变成普通声波,因此此时的声音就如爆炸声。

如果云中闪电时,雷声在云里

雷鸣常常伴随暴雨而来

面经过多次反射,在爆炸波分解时,又产生许多频率不同的声波,它们互相干扰,此时人们听到雷声的感觉是特别沉闷,这就是闷雷。通常,闷雷的响声比炸雷来得小,并不是特别吓人。

长时间的闷雷就是拉磨雷。雷声拖长的原因主要是声波在云内的多次反射以及远近高低不同的多次闪电所产生的效果。另外,在声波遇到一些海拔高的物体时会发生反射。有的声波要经过多次反射。这多次反射有可能在很短的时间间隔内先后传入我们的耳朵。因此,有的雷声很长,像是在拉磨。

## 你知道吗

### 雷电给大树"文身"

　　2004年6月16日晚,河南省许昌市襄城县山头店乡董湾村一带狂风骤起,黑云压城。片刻,天空电光闪烁,霹雳惊人。晚上9点,伴随一声惊天动地的巨响,村后的一棵桐树遭雷电袭击。但奇怪的是,雷电并未将大树击倒或者劈碎,而是将树身撕开了20多处裂口,犹如为大树"文"了身。远远看去,树身上黑白条纹分明,就像耸立在天地间的一根"龙柱"。

　　该树的主人介绍,这棵桐树已生长了25年,树高约11米,树身周长约2米。雷电"文身"现象发生后,许多邻近的村民纷纷跑来"看热闹"。一些村民认为是尊龙为躲雷劫,附身桐树,致使桐树遭到雷击,一些人则认为此树"触犯"了天条,受到惩罚……一时迷信四起,众说纷纭。其实,雷电为大树"文身",是大自然中一种有趣的雷击现象。防雷专家认为,这是因为雷电具有"趋肤效应"和"热效应"造成的:当雷电击中树木时,树木成了很好的导电体,如果雷击时伴有雨水,当雨水沿树体流向地面时,雨水流过的地方便成了雷电流对地泄放的最好路径;当雷电流沿树体对地泄放时,由于电流很强,通过的时间很短,在树体中产生了大量的热量,这些热量在瞬间来不及散发,便导致树木表皮内的水分被大量蒸发成水蒸气,水蒸气迅速膨胀,产生了巨大的张力,使得树体的表皮因爆破力而呈条状剥落,从而出现了大树"文身"的现象。

# 认识闪电

闪电或闪电放电，一般指雷暴天气雷雨云产生的云闪和云地闪电。这种超长距离的闪电、放电产生强大的电流，同时还会伴随强烈的发光、高温、电磁辐射，冲击波和隆隆雷声，光、电磁和声发射是同一个闪电放电过程产生的不同物理效应和现象。

闪电蕴含了巨大的能量，破坏力惊人，它犹如一把利剑刺破长空，直径5厘米的脉冲电能以14.5万千米／秒的高速穿过大气层，由于速度太快，人们根本不可能见到闪电是怎样由云层冲向地面的。击中一棵大树时，闪电会使树内的汁液立即沸腾，汁液快速汽化，能使大树爆碎。

当闪电刺破夜空时，我们常常会感到，在街市里奔跑的行人、疾

闪电看上去很美

驰的车辆,仿佛在一刹那都停滞了。造成这种停滞景观的原因,就在于闪电持续的时间极其短促,每次持续时间通常不过万分之一秒,最长的也不超过千分之一秒。在这样短暂的一瞬间,人们的眼睛不能觉察出其他物体位置的移动,于是,周围的一切好像都停滞不动了。

在这样转瞬即逝的短时间内,划过天空窜落到地面的闪电长度较短,一般不会超过几千米,而完全在空中活动的闪电长度就比较长。苏联科学家曾专门乘坐飞机到发生雷暴的云层中进行过探测,有一次探测到一条刚好和飞机的飞行路线相平行的闪电,它的长度在50～60千米。据说,美国科学家曾探测到长达150千米的闪电。

闪电的最常见形式是线状闪电,偶尔也可出现带状、球状、串球状、枝状、箭状闪电等等。

(1)线状闪电。线状闪电与其他放电不同的地方是它有特别大的电流强度,平均可以达到几万安培,在少数情况下可达20万安培。这么大的电流强度。可以毁坏和摇动大树,有时还能伤人。当它接触到建筑物的时候,常常造成“雷击”而引起火灾。线状闪电多数是云对地的放电。

(2)片状闪电。片状闪电也是一种比较常见的闪电形状。它看起来好像是在云面上有一片闪光。这种闪电可能是云后面看不见的火花放电的回光,或者是云内闪电被云遮挡而造成的漫射光,也可能是出现在云上部的一种密集的或闪烁状的独立放电现象。片状闪电经常是在云的强度已经减弱,降水趋于停止时出现的。它是一种较弱的放电现象,多数是云中放电。

(3)球状闪电。球状闪电的直

线状闪电

径从 0.15 ~ 2 米不等，也有超过 5 米的，一般发生在雷区。它像一团火球，有时还像一朵发光盛开着的"绣球"菊花。有时在空中慢慢转悠，有时又悬在空中完全不动。有时发出白光，有时又发出像流星一样的粉红色光。"喜欢"钻洞，有时可以从烟囱、窗户、门缝钻进屋内，在房子里转一圈后又溜走。有时发出"咝咝"的声音，然后一声闷响而消失，有时又只发出微弱的噼啪声而不知不觉地消失。球状闪电消失后，可能在空气中留下一些有臭味的气烟，有点像臭氧的味道。其生命史不长，大约为几秒钟到几分钟，且其行进速度也很快，比人类奔跑速度要快得多，大约速度在每秒几米至几十米不等，具体要看火球的大小而定。经常袭击生命体，并释放出强大的能量，所以避免被球状闪电击中的方法是一动不动，并且不发出声响。

（4）带状闪电。它由连续数次的放电组成，在各次闪电之间，闪电路径因受风的影响而发生移动，使得各次单独闪电互相靠近，形成一条带状。带的宽度约为 10 米。这种闪电如果击中房屋，可以立即引起大面积燃烧。

（5）联珠状闪电。联珠状闪电看起来好像一条在云幕上滑行或者穿出云层而投向地面的发光点连线，也像闪光的珍珠项链。有人认为联珠状闪电似乎是从线状闪电到球状闪电的过渡形式。联珠状闪电往往紧跟在线状闪电之后接踵而至，几乎没有时间间隔。

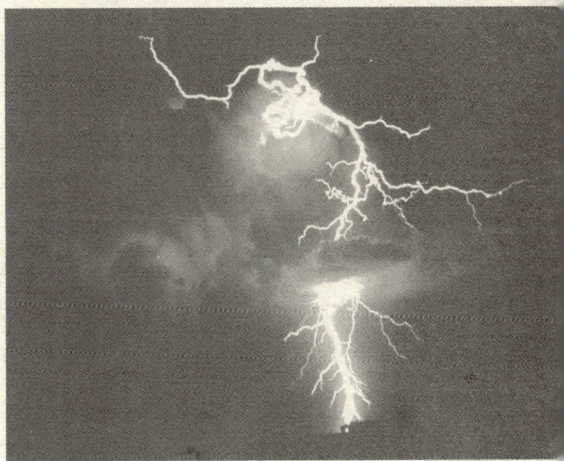

球状闪电

# 闪电的形成

按照国际惯例，一次完整的闪电过程定义为一次闪电，其持续时间为几百毫秒到1秒钟不等。一次闪电包括一次或者几次大电流脉冲过程，被称为"闪击"，而其中最强的快变化部分叫"回击"。闪击之间的时间间隔一般为几十毫秒，对地闪电在人眼中所呈现的闪烁，便是由几次闪击所造成的。

## 1. 负地闪

负地闪过程将云内的负电荷输送入地，一次负地闪过程通常可中和几十库仑的云中电荷，它以持续时间为几毫秒到几百毫秒的云内预击穿过程开始，之后是从云到地以间歇性突跳式行进的梯级先导过程，梯级先导过程在几十毫秒内向下输送大于10库仑以上的负极性云电荷，先导电流平均为300安。当梯级先导头部接近地面时，在地面的

负地闪

自然尖端或高大建筑物等突出物体上将诱发一个或几个以上行先导，由此产生连接过程。当下行先导头部与上行先导接触时，随即发生首次回击过程。回击上行的速度约为光速的1/3，峰值电流平均约为30千安，上升时间约为几微秒。首次回击结束后，放电过程如果停止，则称为单闪击闪电，如果在较短的时间内发生以直窜先导或直窜一梯级先导引导的后继回击，则为多闪击闪电。

### 2. 正地闪

正地闪的放电过程与负地闪类似，都由云内的预击穿过程开始，之后是从云到地的先导和回击过程。但正地闪回击次数一般较少，通常只有一次回击。雷暴中以中和负极性电荷的负地闪为主，但在雷暴的消散阶段、中尺度对流系统的层状云区，产生冰雹、龙卷风等灾害性天气过程的超级风暴中都时常出现大量的正地闪，更重要的是正地闪的发生发展具有其独特性。观测结果显示正地闪的最大回击电流有时可达300千安，中和的电荷量达几百库仑，它的连续电流的幅值比负地闪的大一个量级，其回击的上升

超级风暴过后

时间较负地闪回击要稍长。由于正地闪具有中和电荷量多和回击电流大，并常常带有持续时间较长的连续电流而更易引起诸如森林火灾、油库爆炸等更为严重的雷电事故。不同地区正地闪占全部地闪的比例有较大差别，从 0 ~ 100% 不等。比例最高的是日本的冬季雷暴，最高可达 100%，通常在 40% ~ 90% 之间。一般来讲，虽然在夏季雷暴中正地闪较为罕见，但是其发生的比例会随着纬度的增加和地面海拔高度的增加而增加。随着海拔高度的增加，正地闪发生的比例也增加，在海平面上比例约为 3%，在海拔高度为 2 ~ 4 千米的地方，则为 30%。这个比例的大小很可能与雷暴的电荷结构有关，但目前还没有明确的结论，仍是一个非常值得研究的问题。

### 3. 云闪

云闪是最经常发生的一种闪电放电事件，云闪持续时间与地闪类似，平均为半秒钟。一个典型的云闪放电过程可以传播 5 ~ 10 千米的距离，中和电荷几十库仑。根据地面电场变化观测结果分析推断：云闪放电一般开始于连续传播的流光，当流光遇到极性相反的电荷源时，便引发类似于地闪回击的放电过程称为反冲流光，与此相伴的电场叫做 K 变化，对应于小而快速的电场变化。一般将云闪分为初始、活跃和结束三个阶段，约占云闪整个持续时间一半时间的初始和活跃阶段与通道垂直延伸有关。最近利用先进的三维雷电观测系统 LMA 发现：云闪放电呈现双层结构，上下两层通道分别在正负电荷区内水平延伸和扩展，有一个垂直短通道把这两层通道连接起来；在具有三极性电荷结构的雷暴云中，云内放电不仅发生于上部正电荷区与中部主负电荷区之间，还存在着反极性放电过程。它起始于中部负电荷区，向下传输到下部正电荷区后水平发展；除极性相反外，其特性与发生在上部正电荷区与中部主负电荷区的闪电一致，进一步证实雷暴下部正电荷区的存在并且参与放电过程。云闪由于发生在云内，受云体的遮挡，对其进行直接的观测较困难，同时由于对地面的影响相对较弱，从而没有引起人们足够的重视。但随着

雷电的研究才刚刚起步

雷电探测技术的提高，特别是微电子技术的广泛采用，云闪产生的电磁脉冲对电子设备的影响越来越严重，人们也越来越关注云闪放电特性。尤其是反极性云闪的发现，由于它发生的位置较低，对地物的影响更大，但其发生发展机制的研究才刚刚开始，这将进一步促进人们对云闪过程的研究。

雷电物理过程的研究仍将是今后相当长一段时间内的主要任务，特别是雷电不同放电过程的超高频电磁辐射特征、放电的发展和演化过程、放电所伴随的电、光、声效应，以及不同地区雷电放电过程的异同等，这些问题的揭示，将有针对性地开展科学的雷电防护、减少雷电灾害起到重要的指导作用。

# 神奇的地闪电流

## 1. 电流

地闪的电流是防雷工程中最为重要的电参量之一。主要包括先导电流、回击电流、连续电流等。

梯式先导电流的平均电流强度一般为 $10^2$ 安左右。单个梯式的先导电流可达 $5 \times 10^2 \sim 2.5 \times 10^3$ 安，直窜先导电流的电流强度一般约为 $10^3$ 安。

回击电流则是幅度很大的脉冲电流，其峰值一般可达 $1 \times 10^4 \sim 3 \times 10^4$ 安，所以称它为主放电，一般防雷主要是考虑它的作用。

连续电流的电流强度一般为 $1.5 \times 10^2$ 安，其变化范围为 $3 \times 10^2 \sim 1.6 \times 10^3$ 安，持续时间为 $50 \sim 500$ 毫秒。

1970 年代在南非一块相对平坦地区的一座 60 米高的塔上进行了闪电电流的测量。塔与地绝缘，闪电电流是在塔底通过电流变压器和罗

巨大的闪电电流

柯夫斯基线圈（通过电磁感应）来测量的。结果发现在观测到的闪电中有超过50％的闪电是由常见的下行负梯级先导引发的，但没有观测到正地闪。在这些测量中发现非常快的电流上升时间，这在当时其他研究中未曾观测到。他们的结果还发现有95％的后继回击电流峰值大于4.9千安，50％的后继回击电流峰值大于12千安，还有5％的闪电电流大于9千安。其他地区如在日本、澳大利亚、巴西、哥伦比亚等地也利用矮塔进行了雷电流测量。

### 2. 闪电的电磁辐射

（1）静电感应。雷雨云临空，裸露的金属板（如金属屋顶）由于静电感应而带上与积雨云中下部电荷异号的电荷，这时金属屋顶面与积雨云间可组成一个电容器，电力线从云中电荷指向金属屋面，或者相反。这个电场对电容器外的地面物可以说作用很微弱，金属屋面所带的电荷是被束缚住的。但是积雨云一旦放电，雷击附近地区，积雨云下部的电荷消失，这时金属屋顶面所带的电荷如果不能迅速地泄放，它与邻近的地面物体之间就可以产生很高的电位差（即高电压），甚至发生闪络，造成雷击危害。这种形式的雷击起因于静电感应，被称为感应雷击，或称为二次雷效应。要减少这种雷害，就得设法使金属

闪电放电时会产生电磁辐射

屋面的感应电荷迅速减少，为此必须按照防雷工程设计要求，架设几条足够粗的金属导体，把它与金属屋面焊接之后良好地接地，以泄放电荷。

（2）雷电电磁辐射。强烈的闪电放电过程中产生静电场变化、磁场变化和电磁辐射，覆盖从极低频到超高频的很宽频带范围。近距离地闪感应场和静电场变化的频谱能量主要分布在10千赫兹以下，而远距离闪电电磁辐射的频谱峰值在1～10千赫兹之间。

各种放电过程所发出的电磁波，其传播受到大地电导率、大气状况及电离层多次反射的影响，产生传播衰减。虽然闪电放电辐射频谱极宽，但只有甚低频电磁波部分可以传播到几千千米远。由于地面和电离层波导传播的舒曼共振效应，使得频率8.0，14.1，20.3和26.4赫兹的极低频（ELF）分量能够在全球范围观测到；另外，由于低于5兆兹的闪电电磁辐射全部被电离层反射，只有高于5兆兹的高频闪电电磁辐射能够穿透电离层，被卫星观测到。光波也是可以穿过大气层的，所以能够在卫星上进行全球摄像观测闪电。

闪电电磁辐射严重干扰无线电

雷声是看不到的

通信和各种设备的正常工作，是无线电噪声的重要来源，在一定范围内造成许多微电子设备的损坏，引起火灾，已成为20世纪80年代之后雷电灾害极重要的原因。但是另一方面，闪电产生的电磁场效应又是进行雷电探测的重要信息，由此可获知闪电电流、闪电电荷、闪电电矩以及云中电荷分布等各种闪电电学参量。此外，根据远距离闪电辐射的电场、磁场波形的观测，还可以进行实用价值较大的雷电定位、监测和预警工作。闪电的强大电流使得闪电通道内的气体分子和原子被激发到高能级，从而产生光辐射。对这种光辐射可进行照相观测，从而获得地闪结构的丰富信息。可以对光辐射进行光谱观测，鉴别光谱的谱线，从而获知闪电通道中各种发光粒子的成分。对光谱谱线的强度和线宽做定量分析，就能进一步获知闪电通道的平均温度、平均电子密度、平均气压和平均气体密度等闪电通道物理参量。

（3）雷声。闪电回击通道的初始平均温度和气压均很高，它有着巨大的瞬时功率，所以产生爆炸式的冲击波。用实验方法直接观测冲击波的波阵面扩展速度很困难，所以研究者采用实验室内模拟雷电的观测，测得火花通道径向扩展速度，也可以运用理论来估算。闪电通道径向扩展速度最大可达1.6千米/秒，远大于大气中的声速，但是它很快就衰减，冲击波转变为声波，就听到隆隆雷声。

# 雷电的形成

雷电是雷雨云之间或云地之间产生的放电现象，雷雨云是产生雷电的先决条件，雷雨云在气象学里也称积雨云，积雨云浓而厚，云内对流旺盛，"乌云滚滚"。积雨云的云体庞大，像高山；顶部模糊，云底很阴暗；高度很低，云色乌黑。伴随出现的天气是多云或阴，有雷阵雨，伴随大风、雷电，有时产生冰雹、龙卷风等。由于其发展极盛，有的云顶高度达20千米左右。云内对流运动和水滴不断碰撞分裂，使积雨云中积累起大量的空间电荷，在云内不同部位形成分离的正、负电荷中心，造成极高的电场强度。

当云与云之间、云与地之间的电位差增大到一定数值时，电场强度超过空气可能承受的击穿强度时，就形成放电。不同极性的电荷通过一定的电离通道互相中和，产生强烈的光与热，在放电通道中所产生

壮观的雷雨云

的强光称之为"闪";在放电通道中发出热后使通道附近的空气突然膨胀,形成巨大的轰鸣声,就称之为"雷"。

产生雷电的条件是雷雨云中有电荷积累并形成极性。科学家们对雷雨云的带电机制及电荷有规律分布,进行了大量的观测和试验,积累了许多资料,并提出各种各样的解释,有些论点至今还有争论。

(1)对流云初始阶段的"离子流"假说。大气中存在着大量的正离子和负离子,在云中的雨滴上,电荷分布是不均匀的,最外边的分子带负电,里层的带正电,内层比外层的电势差约高0.25伏。为了平衡这个电势差,水滴就必须优先吸收大气中的负离子,这就使水滴逐渐带上了负电荷。当对流发展开始时,较轻的正离子逐渐被上升的气流带到云的上部;而带负电的雨滴因为比较重,就留在了下部,造成了正负电荷的分离。

(2)冷云的电荷积累。当对流发展到一定阶段,云体伸入0℃层以上的高度后,云中就有了过冷水滴、霰粒和冰晶等。这种由不同状态的水汽凝结物组成且温度低于0℃的云,叫冷云。冷云的电荷形成和积累过程有如下几种:

①过冷水滴在霰粒上撞冻起电:在云层中有许多水滴在温度低于

爆发的雷雨云

0℃时也不会冻结，这种水滴叫过冷水滴。过冷水滴是不稳定的，只要它们被轻轻地震动一下，就马上冻结成冰粒。当过冷水滴与霰粒碰撞时，会立即冻结，这叫撞冻。当发生撞冻时，过冷水滴外部立即冻成冰壳，但它的内部仍暂时保持着液态，并且由于外部冻结放的潜热传到内部，其内部液态过冷水的温度比外面的冰壳高。温度的差异使得冻结的过冷水滴外部带上正电，内部带上负电。当内部也发生冻结时，水滴就膨胀分裂，外表皮破裂成许多带正电的冰屑，随气流飞到云层上部，带负电的冻滴核心部分则附在较重的霰粒上，使霰粒带负电并留在云层的中下部。

②冰晶与霰粒的摩擦碰撞起电：霰粒是由冻结水滴组成的，成白色或乳白色，结构比较松脆。由于经常有冷水滴与它撞冻并释放潜热，它的温度一般比冰晶高。在冰晶中含有一定量的自由离子（OH– 和 H+），离子数随温度升高而增多。由于霰粒与冰晶接触部分存在着温度差，高温端的自由离子必然要多于低温端，因而离子必

然从高温端向低温端迁移。离子迁移时，带正电的氢离子速度较快，而带负电的较重的氢氧根离子则较慢。因此，在一定时间内就出现了冷端氢离子过剩的现象，造成了高温端为负，低温端为正的电极化。当冰晶与霰粒接触后，又分离时，温度较高的霰粒就带上了负电，而温度较低的冰晶就带上了正电。在重力和上升气流的作用下，较轻的带正电的冰晶集中到云的上部，较重的带负电的霰粒则停留在云层的下部，因而造成了冷云的上部带正电而下部带负电。

③水滴因含有稀薄盐分而起电：出了上述冷云的两种起电机制外，还有人提出了由于大气中水滴含有稀薄盐分而产生起电机制。当水滴冻结时，冰的晶格中可以容纳负的氯离子，却排斥正的钠离子。因此，水滴冻结的部分带负电，而未冻结的部分带正电（水滴冻结时是从里向外进行的）。由于水滴冻结而成的霰粒在下落的过程中，摔掉表面还未来得及冻结的水分，形成许多带正电的小云滴，而冻结的核心部分则带负电。由于重力和

气流的作用，带正电的小滴被带到云的上部，而带负电的霰粒则停留在云的中、下部。

（3）暖云的电荷积累。在热带地区，有一些云整个云体都位于0℃以上区域，因而只含有水滴而没有固态水粒子，这种云叫暖云或水云。暖云也会出现雷电现象。在中纬度地区的雷暴云，云体位于0℃等温线以下的部分，就是云的暖区。

在云的暖区里也有起电过程发生。

加拿大的雷雨云

## 为什么雷雨云是黑色的

所有的云彩都是由数不清的水滴构成的。

大部分云彩中的水滴都很小，这些小水滴之间有足够的缝隙让阳光穿过。由于我们可以看到光，所以我们看到的云彩是白色的。

而组成雷雨云的水滴较大，阳光无法穿透水滴与水滴之间的缝隙，因此雷雨云是不透光的。这也就是为什么我们从地面向上看到的雷雨云是黑色的。

# 雷电的伴生现象

雷电发生时，常伴有雷雨大风、冰雹、龙卷风、飑等恶劣天气现象，致使房屋倒毁，庄稼树木受到摧残，电信交通受损，甚至造成人员伤亡等。

## 1. 雷雨大风

雷雨大风，是指在出现雷、雨天气现象时，风力达到或超过8级（≥17.2米/秒）的天气现象。当雷雨大风发生时，乌云滚滚，电闪雷鸣，狂风夹伴强降水，有时伴有冰雹，风速极大。它涉及的范围一般只有几千米至几十千米。

雷雨大风常出现在强烈冷锋前面的雷暴高压中。雷暴高压是存在于雷暴区附近地面气压场的一个很小的局部高压，雷暴高压中心温度比四周低，下沉气流极为明显，雷暴高压前部为暖区，暖区有上升气流，就在这个下沉气流与上升气流之间，存在着一条狭窄的风向切变带，其为雷雨大风发生处，它过境时带来极强烈的暴风雨。如果雷雨大风发生在单一气团内部，那么它常常是由于局地受热不均引起。雷雨大风的生命史极短。

暴风雨是指大风与强降水（大雨或暴雨）相伴或相继出现的现象。一般国际民航称这种天气为暴风雨，飞行中如遇到这种恶劣天气，会使飞机操纵变得十分困难。

车窗外的雷雨大风

## 2.冰雹

冰雹俗称雹子，夏季或春夏之交最为常见。它是一些坚硬的冰丸，通常直径只有几毫米，小如绿豆、黄豆。也有大似栗子、鸡蛋的，有的比柚子还大。冰雹云是由水滴、冰晶和雪花组成的。一般为三层：最下面一层温度在0℃以上，由水滴组成；中间一层温度为0～20℃，由过冷却水滴、冰晶和雪花组成；最上面一层温度在-20℃以下，基本上由冰晶和雪花组成。

冰雹是我国严重灾害之一。我国大多数地方每年都会受到不同程度的雹灾。尤其是北方的山区及丘陵地区，地形复杂，天气多变，冰雹多，受害重，特别是农业受害很大。猛烈的冰雹常击毁庄稼，损坏房屋，砸伤致死人员和牲畜的情况也常常发生。较大的冰雹会打破房屋窗户、温室玻璃和汽车挡风玻璃等。

降雹形成的灾害虽然是局部和

少见的大冰雹

短时的，但后果往往是严重的。如2007年4月1日下午到夜间，福建闽清、永泰、建瓯等6个县市遭遇特大冰雹袭击，造成163间房屋倒塌，5.54万间房屋受损，农作物受灾面积6.3千公顷（约10万亩），受灾人口9.92万人，直接经济损失1.15亿元。1997年4月12日广东省茂名市北部山区出现暴雨和冰雹等灾害，信宜市14个乡镇出现6～7级阵风，最大冰雹重15千克，一般大的如鸡蛋，小的如花生米，造成3人死亡，倒塌房屋750间，瓦面

被揭的房屋2万多间，经济作物受损达10多万亩。

### 3. 龙卷风

龙卷风是一个猛烈旋转着的圆形空气柱。它多发生于高温、高湿的不稳定气团并与其他天气系统的激发作用密切相关，如具有强烈上升气流积雨云母体中的旋转云块，当云块向下延伸时，便形成漏斗状云柱。

龙卷风的上端与积雨云相接，下端有的悬在半空中，有的直接延伸到地面或水面。它一边旋转，一

来势汹汹的龙卷风

边向前移动。发生在陆地上时，卷起尘土、碎屑，卷走房屋、树林的龙卷风，称为陆龙卷；出现在海面或其他水面上，犹如龙吸水的现象，称为海龙卷或水龙卷。

龙卷风具有强大的破坏力，能吸起江、湖、海水，拔起大树，吹倒房屋，卷走牲畜和庄稼。只要具备强烈对流的条件，一年四季都可以出现龙卷风，但它一般在暖季出现。一天之内，白天、黑夜都能生成龙卷风，但绝大部分发生在午后。2007年7月3日16时57分，上帝的手指似乎就在中国安徽东部小城天长市搅了一阵，20分钟时间里，一条宽约200米、长20千米的"恐怖之廊"出现在人们面前。此次龙卷风造成人员伤亡105人，其中7人死亡，98人受伤。龙卷风还导致700多间房屋倒塌，电力、通讯、水利设施和农田受损严重，直接经济损失3000余万元。同年8月18日夜间，受台风"圣帕"外围影响，中国浙江省温州市苍南县龙港镇遭到长8000米、宽800米的龙卷风袭击，造成11人死亡，60余人受伤，156间房屋倒塌。

有时，同时有几个龙卷一起出现，造成严重灾害。1969年6月30日，在美国西部近海海面上，45分钟内有6个水龙卷并存，致使1200人死亡。1974年4月3日上午9时起的24小时内，美国中西部和南部的12个州共发生148个龙卷，这是美国历史上群发龙卷灾害波及范围最广的一次。

### 4. 飑

气象上所谓飑，是指突然发生的风向突变，风力突增的强风现象。而飑线是指风向和风力发生剧烈变动的天气变化带，沿着飑线可出现雷暴、暴雨、大风、冰雹和龙卷风等剧烈的天气现象，它是一条雷暴云或积雨云带。

飑线常出现在雷暴云或积雨云到来之前或冷锋之前，春、夏季节的积雨云里最易发生。潮湿不稳定气层能助长飑线的强烈发展。当它即将出现时，天气闷热，风向很乱或多偏南风。当强冷空气入侵时，地面冷锋前部的暖气团中，或低压槽附近，大气存在不稳定层结，此时最易形成飑线天气。飑线多发生在傍晚至夜间。

**席卷而来的龙卷风**

飑线前部的阵风有时非常强烈，当相互靠近的一些雷暴气流同时下沉时，可造成极端强烈的阵风。向外冲击的冷空气可以损坏在停机坪上的飞机，毁坏大面积的庄稼，掀翻水面舰艇，甚至可以吹倒建筑物。1980年2月27日在广东潭江水道行驶的曙光401客轮，被飑吹沉，死亡301人，经济损失100万元；1983年3月1日在广东东平水道航行驶的红星283号，被飑吹沉，死亡148人，经济损失110万元；1985年3月27日在广东天河水道航行的红星312客轮，被飑吹沉，死亡83人，经济损失120万元。除此之外，几乎每年都有客、货船被飑吹沉事件发生，造成不同程度损失。

# 雷电的控制与应用

随着科学技术的迅速发展，雷电这一自然现象已基本上被人们了解。但是我们应当在了解雷电的基础上，做到控制雷电并使之为人类服务。怎样才能利用雷电呢？

人工控制雷电，是指通过人工引雷、消雷的方法，使云中电荷中和、转移或提前释放，控制雷电的产生，以确保空中和地面军事行动的安全。人工控制雷电的方法有：利用对带电云团播撒冻结核，改变云体的动力学和微物理学过程，以影响雷电放电；采用播撒金属箔以增加云中电导率，使云中电场维持在雷电所需临界强度以下抑制雷电；人为触发雷电放电，使云体一小部分区域在限定的时间内放电。

雷电形成的强大电流、炽热的高温、剧变的静电场和频谱丰富的电磁波，威胁着人畜生命，毁坏建筑物，造成森林火灾，破坏高压输电系统和有线通信系统。干扰无线

人工消雷降雨

通讯，造成飞行事故，影响火箭发射等等。危害最大的是云－地雷电。避雷针虽可防雷，但只限于固定地点和小面积。流动性和大面积防雷，如易燃、易爆物质的运输，核设施和森林的防雷，避雷针是无能为力的。因此，人们积极研究人工控制(抑制和诱发)雷电技术。

人工抑制雷电的一个方法是在雷雨云中用高射炮或飞机播撒数百万个，甚至数十亿个直径数十微米、长数厘米的金属细丝或镀有金属的尼龙细丝。在雷雨云中电场的作用下，细丝发生静电感应，由于尖端效应，细丝两端电荷密度极大，其附近电场极强。当场强达到起晕场强(仍大大低于闪电所需场强)时，发生电晕放电，产生大量正、负离子，使云中大气导电性能改善，在云中形成闪电通道，云内放电次数增加，则危害最大的云－地雷电可以得到抑制。

也可以在雷雨云中的过冷区播撒碘化银晶粒。根据结晶学原理，晶体在生成过程中首先形成晶核，而晶核可以用结构相似的其他物质代替。碘化银晶体结构和冰晶十分相似，是一种十分理想的人工冰核。因此在雷雨云中播撒了碘化银晶粒后很快可以形成大量冰晶，由于冰晶棱角锋利，可以起到和金属细丝相同的抑制雷电的效果。

飞机进行碘化银播撒

**城市中的电闪雷鸣**

因为雷电是雷雨云的产物，雷雨云的形成要靠上升气流。因此，也可以在云中投掷黏土之类的物质形成下沉气流来对抗上升气流，或炮击雷雨云而干扰上升气流，使雷雨云得不到充分发展，雷电也就难以产生。

以上是抑制雷电的物理原理。人们从飞机、火箭穿过并无自然雷电的云体而常常遭受雷击受到启发，发现在有可能产生雷电，但云中场强尚不足以造成闪电的云中，发射小火箭之类的细长型高速飞行导体可以诱发雷电。一是因为这些导体在云中运动时本身强烈起电，严重影响云中电场；二是因为这些导体易产生电晕放电，从而改善了云中导电情况；加之这些飞行器排出的高导电性喷气，相当于将飞行器加长，从而增大了作用范围，因此可以诱发云中雷电，从而消耗云内电荷，在云中开辟出一条安全通道，使导弹、宇宙飞船能安全穿过云层进入太空。如果发射带拖线的小火箭，可以诱发危害最大的云－地雷电，达到某些军事目的。

# 认识雷暴

雷暴是伴有雷击和闪电的局地对流性天气。

当大气中的层结处于不稳定时，容易产生强烈的对流，云与云、云与地面之间电位差达到一定程度后就要发生放电，有时雷声隆隆、耀眼的闪电划破天空，常伴有大风、降雨或冰雹。这就是雷暴现象。

## 1. 雷暴的种类

（1）根据大气的不稳定性及不同层次里的相对风速来划分雷暴，可将其分为单细胞雷暴、多细胞雷暴和超级细胞雷暴三种。

单细胞雷暴：单细胞雷暴是在大气不稳定的情况下发生，且此时只有少量甚至没有风切变时发生。单细胞雷暴的持续时间通常较短暂，不会超过 1 小时，所以也称其为"阵

**异常壮观的雷暴天气**

**龙卷风与雷暴**

雷"。炎炎夏季，我们经常能够遇到单细胞雷暴。

多细胞雷暴：多细胞雷暴由多个单细胞雷暴所组成，由单细胞雷暴进一步发展而成。发生多细胞雷暴时，会因为气流的流动而形成阵风带，这个阵风带可以延绵数里，如果风速加快、大气压力加大及温度下降，这个阵风带会越来越大，并且吹袭更大的区域。

超级细胞雷暴：是在风切变极大时发生的，并由各种不同程度的雷暴组成。这种雷暴的破坏力最

大，并且有30%的可能性会产生龙卷风。

（2）根据雷暴形成时不同的大气条件和地形条件，一般将雷暴分为热雷暴、锋雷暴和地形雷暴三大类。

①热雷暴。热雷暴多发生在温暖的天气里，孕育它的是几乎静止、很热、均一的气团。

下层空气受热或上层空气受冷而发生强烈的上下对流作用，产生热雷暴的雷云，其往往决定于局部的条件，例如地形、温度和湿度等。大陆的夏季常常有这样的雷暴，一

般出现在闷热、无风和晴朗的夏天的午后。而下层空气受热的作用在个别高处和小山上又特别明显，因而这种地方出现的热雷暴也特别多。

热雷暴伴有强烈的暴雨，发展迅速，雨势很急，往往还带有冰雹和无数的闪电，但雷暴的分布极不均匀。

②锋雷暴。当两个大的气团移动时，在冷气团和暖气团相遇的锋面上发展起来的雷暴就是锋雷暴。冷暖气团相遇时，冷空气总在暖空气下面，排挤暖而湿的空气，并把它抬升起来，于是那个地方的天气就急剧地变化。按照冷暖空气流动的情况，可以把锋雷暴分为两类：

暖锋雷暴：当暖空气流动到原有冷空气区域时，暖空气沿着冷空气斜坡往上升，在上升过程中产生变冷凝结作用产生的雷暴。因为暖空气沿着冷空气的斜坡慢慢往上爬，作用并不剧烈，雷暴的强度一般不大。但这种雷暴分布的范围广，持续时间较长，雨量较多，常以暴雨形式出现，降雨时多半在夜间。

摄人心魄的雷暴

冷锋雷暴：当强冷空气流像楔子一样侵入原来较轻而暖湿的气团时所形成的雷暴，也叫做寒潮雷。由于冷空气往往来势很凶猛，所以它比暖锋雷暴来得猛烈，是雷雨中最强烈的一种，常在短时间内形成特大暴雨，因而灾害最重。

冷锋、暖锋、静止锋上都可产生雷暴。其中以冷锋雷暴出现最多，强度也较强。暖锋雷暴较少。

③地形雷暴。由于地形作用而引发的雷暴。

由于地形关系，某些地区特别容易产生雷雨。例如在山岭地区，当暖空气经过山坡被强迫上升时，在山地迎风的一面空气沿山坡上升，到一定高度变冷而形成雷云；但到了山背风的一面，空气沿山坡下沉，温度升高，雷雨消散或减弱。特别是在滨海的山岳地带，近海的一面山坡上便常有雷雨发生，这是由于海风潮气特重的缘故。

也有人把冬季发生的雷暴划为一类，称为冬季雷暴。在我国南部还常出现所谓旱天雷，也叫干雷暴。

**2. 雷暴的特点**

（1）突发性强。由于雷暴的发生发展与积雨云联系在一起，从雷暴云的出现到消失，它有很强的局地性和突发性，水平范围只有几千米或十几千米，在时间尺度上也仅有 2～3 小时，因此，这种中小尺度天气系统在预报上有一定的难度。

（2）能量巨大。雷暴的能量很大，千分之几到十分之几秒的雷电放出的电能，可达到数十亿到上千亿瓦特，温度为 10000～20000℃。

（3）变幻莫测。雷暴能变幻出各种神秘莫测的怪异景象。排列整齐的一队羊群，雷电可能有规律地间隔击毙其中的一部分；遭到雷击的人或动物，可能在皮肤表面或毛皮之内留下某种图案或"象形文字"。

据传说，美国有个小男孩爬到树上掏鸟蛋，适逢雷击，落地毙命的小男孩胸部清晰地烙着那棵树的图像，枝头上还有一只小鸟，小鸟的旁边正是那个鸟窝，人们对这些现象至今还无法做出科学的解释。

## 雷暴最多的国家

印度尼西亚是由大大小小 3000 多个岛屿组成的"千岛之国",素有"雷暴王国"之称。

在印度尼西亚,仅爪哇岛的茂物,一年里就有 322 个雷暴日,打雷的次数约有 1.4 万次,即平均每天有 30 ~ 40 次。

印度尼西亚位于赤道及其两侧,全年气候炎热,每月平均气温在 25 ~ 28℃ 之间,没有季节之分,人们一年到头生活在酷暑之中。那里天气单调、呆板,清晨太阳从地平线露出脸儿,把爪哇岛及其附近岛屿晒得滚烫滚烫,对流运动极易发展。对流的出现,把近地层又湿又热的空气源源不断地带到高空。当这种潮湿空气到达气象学上的"凝结高度"时,便凝结成雨滴。在凝结成雨滴的过程中,释放出的热量非常大,而空气获得新的热量后,又加速了向上运动。随着太阳的升高,地面受热不断增强,对流运动更加发展,凝结释放的热量进一步增多,乌黑的云层里便电光闪闪,雷声隆隆,紧接着就是一场雷雨。

可见,由于适当的地理位置、强烈的日照、炎热的气候、微微的和风、潮湿的空气、强烈的对流,是印度尼西亚成为"雷暴王国"的主要原因。

# 雷暴分布

根据各国闪电观测资料，可以绘制全球年平均雷电日的地理分布。全球年平均雷电日的地理分布与大气环流、海陆分布、地形和地貌、冷暖洋流及局地条件有关。

## 1. 全球雷电的纬度和海陆差异

纬度差异。全球平均年雷电日具有随纬度增加而递减的分布趋势，因此雷电日高值区多位于纬度小于20°的大陆上，而在北纬70°以北地区和南纬60°以南地区，平均年雷暴日递减至1天以下。在大陆上赤道地区的平均年雷暴日为100～150天，热带地区的平均年雷暴日为75～100天，中纬度地区的平均年雷暴日为30～80天，极地的年平均雷暴日一般为1天。在南半球，雷暴活动的南界大致位于南纬60°附近，但有些地方的雷暴活动的纬度更低。在北半球，雷暴活动的范围比南半球广，大致可达北纬70°附近，甚至在北极地区的一些地方也有雷暴出现。

海陆差异。气象卫星观测资料表明，由于陆地的热容量小，地面加热升温快，陆地上的对流活动较海洋频繁，雷暴活动明显大于同一纬度的海洋，雷暴的高值区出现于陆地，而低值区出现于海洋。

陆地上水汽条件的作用。干旱

临近赤道的地区平均雷暴次数较多

的沙漠地区，由于水汽条件很差，即使地面加热率很大，也不易形成对流性云系，因此沙漠地区是平均年雷暴日最低的地区，而对于潮湿地区，平均年雷暴日一般大于同纬度干旱的地区。

### 2. 全球平均年雷暴日的地理分布

全球平均年雷暴日的高值区主要位于非洲中部、美洲中部、东南亚和我国海南岛。这些地区的平均年雷暴日大于 100 天，个别地区达到 180 天以上，其中中国海南岛儋县的平均年雷暴日为 124 天，马来西亚的吉隆坡为 180 天，澳大利亚的乔治港为 101 天，非洲乌干达的坎帕拉高达 242 天，巴西的马托格罗索为 161 天，卡拉瓦里则达到了206 天。

沙漠地区雷暴次数最少

全球平均年雷暴日的低值区主要在陆地上的沙漠区，如北非的撒哈拉大沙漠、阿拉伯地区鲁卜哈利沙漠、澳大利亚中部大沙漠、吉布森沙漠、维多利亚大沙漠等地区。海洋地区的平均雷暴日低值区位于印度洋、南大西洋、南太平洋和东北太平洋地区。平均雷暴日小于5天，某些地区甚至无雷暴发生。

3～5月为北半球春季，南半球秋季，因此北半球的雷暴活动逐渐加强，而南半球的雷暴活动逐渐减弱，如马来西亚和新加坡地区、乌干达和坦桑尼亚与刚果相交地区、塞拉勒内窝、利比里亚、加纳等地区的平均季雷暴日高值区可达40～60天。

6～8月为北半球夏季、南半球冬季，因此北半球的雷暴活动十分旺盛，南半球的雷暴活动较弱，赤道热带地区雷暴活动并不很显著。这时期，平均季雷暴日的高值区可达30～50天以上。如新加坡、马来西亚、菲律宾、印度北部、巴基斯坦和孟加拉国等地区的平均季雷暴日高值区可达30～40天。

9～11月，北半球为秋季，南半球为春季，这时北半球雷暴活动减弱，南半球雷暴逐渐加强，平均季雷暴日的高值区可达30～50天

冬季雷暴次数最少

以上。如新加坡和马来西亚等地区平均季雷暴日的高值区可达30天以上，而非洲的坦桑尼亚和乌干达与刚果交界地区、塞拉勒窝内、利比里亚、象牙海岸、加纳、尼日利亚和喀麦隆等地区的平均季雷暴日的高值区可达40～50天以上。

12～2月，北半球为冬季，南半球为夏季，这时北半球雷暴活动最弱，南半球雷暴活动十分旺盛，平均季雷暴日的高值区可达30～60天以上。如澳大利亚北部、印尼等地区平均季雷暴日的高值区可达50天以上，坦桑尼亚和乌干达与刚果交界地区、马达加斯加平均雷暴日的高值区达60天以上。巴西大部地区和秘鲁东部地区平均季雷暴日的高值区可达30～50天以上。

根据雷暴观测资料，按雷暴活动强度，我国大致可以划分为4个区域：

（1）长江以北、105°E以东地区。主要包括黑龙江省、吉林省、辽宁省、内蒙古自治区中部和东北部、河北省、山东省、江苏省、安徽省西北大部、山西省、河南省、湖北省大部、陕西省、四川省东半部、宁夏回族自治区和甘肃省东南部等地区。

平均年雷暴日为20～50天，各地区的年雷暴日虽有所不同，但是随纬度的变化不大。平均雷暴时为50～200小时，大部分地区为75～150小时，平均年雷暴时随纬度减小而略有增加。平均雷暴持续时期为150天左右，平均雷暴季节为4～9月或2～10月，随纬度减小而增加。

（2）长江以南、105°E以东地区。主要包括浙江省、福建省、广东省、广西壮族自治区、安徽省东南部、江西省、湖南省、贵州省及四川省、湖北省和江苏省长江两岸等地区。

长江两岸地区平均年雷暴日偏低，多为40～50天；两广南部地区平均年雷暴日偏高，为90～120天；海南岛中部的琼中和儋县高达124天，是我国年雷暴日最高的地区。平均年雷暴时，长江两岸地区为150～200小时，华南南部地区增至400～600小时。长江两岸地区的年平均雷暴时偏低，为120～200小时；广东和广西地区的平均年雷暴时偏高，达400～600小时。平均雷暴持续时期为200～240天；平均雷暴季节为3～10月或2～10月。

（3）360° N以北、105° E以西地区。主要包括内蒙古西南部、甘肃省中部和西北部、青海西北部和新疆等地区。

平均年雷暴日一般不到20天，其中甘肃和内蒙古的巴丹吉林沙漠和腾格里沙漠地区，平均年雷暴日低于10天，是我国平均年雷暴日最低的地区。平均年雷暴时小于50小时。其中甘肃和内蒙古自治区的巴丹吉林沙漠和腾格里沙漠地区的平均年雷暴时低于25小时，内蒙古的老东庙为16小时，新疆的准噶尔盆地内的古尔班通古特沙漠、塔里木盆地的塔克拉玛干沙漠、青海的柴达木盆地等地平均年雷暴时低于20小时，是我国雷暴最少的地区。平均雷暴持续时期偏低，为50～150天；平均雷暴季节一般为5～8月或5～9月。

（4）360° N以南、105° E以西地区。主要包括甘肃省东南部、青海省大部、西藏自治区、四川省西部和云南省中部和西部等地区。

平均年雷暴日一般为50～80天，高于同纬度地区。平均年雷暴时较其他同纬度地区高。平均雷暴持续时期和平均雷暴季节较其他地区高，并且有随纬度减小而增加的趋势。该地区的平均雷暴时期为160～170天，平均雷暴季节为4～10月或3～10月。该区的甘肃西南部、四川的西部和西藏的东部地区，平均雷暴时期长达180～230天，平均雷暴季节为3～10月或3～11月，其中云南中部和西部地区平均雷暴时期长达200～300天，平均雷暴季节为2～11月或1～12月。

总的来说，我国雷暴日数呈"三多三少"现象：南方多，北方少；潮湿地区多，干旱地区少；山区多，平原少。据统计，广州每年平均83.1天有雷暴，上海仅32.1天，北京36.6天，哈尔滨31.0天。我国气象站中雷暴日数最多的地方在云南西双版纳和海南岛。云南勐腊年平均雷暴日数128.8天，最多年148.0天。海南儋县124.1天；海口118.0天，最多年134.0天。

海岛上雷暴较少

青藏高原东南部的雷暴日数也比较多，许多地区可以达到90天，如海拔3950米的索县有91.9天，最多年109.0天。而有些海岛上雷暴却非常少，东沙群岛1926～1936年10年间每年平均雷暴日数只有7.2天，1963～1970年每年平均只有8.1天；福建金门岛每年也只有5.4天。

我国雷暴最少的地方在沙漠干旱地区，冷湖每年2.3天，格尔木2.9天，鄯善3天，都兰诺木洪3.2天，伊吾淖毛湖3.4天，这些台站有些年份甚至全年都没有雷暴。

我国雷暴活动主要集中在6～8月，其中以7月的雷暴活动最为频繁。纬度较高的东北三省和新疆等

地区，雷暴活动偏早，因此，平均月雷暴日数年变化的峰值位于6～7月，并以7月为主。而青海、宁夏、内蒙古、山西、河北、北京、山东、江苏、河南等地区，平均月雷暴日数年变化的峰值几乎都集中在7月。纬度较低的陕西、安徽、浙江、江西、湖北、广西、四川、贵州等地区，雷暴活动偏晚，因此，平均月雷暴日数年变化的峰值位于7～8月，并以7月为主。但江西例外，平均月雷暴日数年变化的峰值位于8月。福建、湖南和广东等地区，平均月雷暴日数年变化的峰值几乎都集中在8月份。此外，甘肃和西藏地区，平均月雷暴日数年变化的峰值位于

6～8月，并以7月为主。

各地雷暴日数普遍以夏季最多，但是除了隆冬季节以外，全国绝大多数地区都可有雷声。在长江、巴山以南，青藏高原以东地区，即使在隆冬也有雷声。全国最多雷的月份是6～8月。广西沿海的东兴气象站8月平均雷暴日数高达24.1天，最多月份曾达30.0天，几乎天天有雷；钦州8月平均雷暴日数23.8天，最多月28.0天。四川稻城7月23.3天，最多月27.0天。海口6月23.1天，最多月29.0天。

我国雷暴集中在七八月份出现

在青藏高原东南部地区，因为雷暴高度集中在夏季，所以7～8月雷暴日数也高达20天以上，比起云南和广西来说也相差无几。江孜8月平均雷暴日数23.0天，最多月26.0天；日喀则7、8月均为22天，申扎7月21.2天，最多月26.0天，这些气象站海拔多在4000米以上。

# 人工引雷

在 20 世纪 60 年代，通过室内实验，美国学者发现快速引入强电场中的细金属丝会导致击穿放电，于是产生了人工引发雷电的设想。从此之后，这些学者用向雷暴云发射拖带细金属导线的方法成功地实现了人工引发雷电。随后，法、日、美以及中国的学者先后都进行了人工引雷实验及综合测量，成效显著。除此之外，巴西和古巴也发展了这项技术。人工引雷使时空随机发生的自然雷电变成在一定雷暴条件下可以控制地进行，便于集中各种测量手段对雷电放电过程进行近距离综合观测，这为很多学科的研究都提供了一个新方法，如雷电物理、雷电探测、雷电防护……

## 1. 人工引雷的定义与原理

人工引雷指的是在雷暴电环境下利用一定的装置和设施，人为地

引雷想象图

在某一指定地点触发的闪电。即使在高建筑物处以上发生触发雷电，飞机穿过雷暴电场时也能触发雷电，水下炸弹试验产生的水柱也可引发雷电，但这些都不是人们意识产生的，所以不被归为人工引雷一类。

## 2. 人工引雷技术介绍

人工引发雷电有两种触发方式。首先是传统触发方式，即向雷暴云发射拖带接地细金属丝火箭的人工引雷方式。这种方式引发的雷电与地面高建筑物激发的上行雷非常相似。通常情况下，根据地面电场及其变化趋势来确定火箭发射的时机，火箭发射前的地面电场值在 4～10 千伏/米之间，火箭触发高度一般在 200～400 米。因为在发生近距离自然闪电之后会导致环境电场降低，以及从火箭点火到升至触发高度需要一定时间，所以，在自然闪电相对稀疏时发射火箭会更容易取得成功。当火箭离开地面上升的时候，在其拖带的细金属丝顶端会激发起上行先导，在适宜的环境电场下上行先导以飞快的速度向雷暴云底部自持传输。先导电流使金属丝烧熔气化，在它到达雷暴云底部的

电荷区的时候，就在雷暴云和大地之间建立了放电通道，而且还会激发连续电流，称为初始连续电流过程。在雷暴云底部为正电荷集中区的情况下，人工引发雷电一般在初始连续电流过程之后即终止，放电的峰值电流一般在千安上下；但在雷暴云底部为负电荷的情况下，初

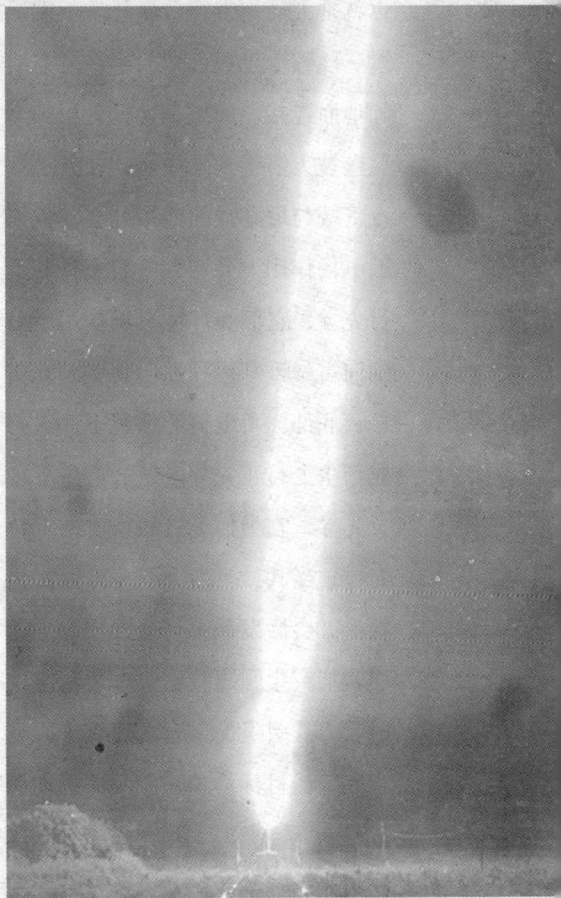

人工引的雷电

始连续电流过程之后，可能会发生数次直窜先导及后继回击过程，放电的峰值电流可达数十千安，放电持续时间一般在数百毫秒甚至一秒以上。当然，这些过程与自然闪电是相似的。

从20世纪90年代之后，"空中触发"技术得到了进一步完善。也就是火箭拖带细金属丝的下端通过一段数十至数百米的绝缘尼龙线和地面连接。如果是这样，当细金属丝被火箭带到空中后，在其上端及下端与尼龙线的连接处会在雷暴云电场作用下分别激发起上行和下行先导，它们在环境电场作用下分别向雷暴云和地面双向传输。在雷暴云底部为负电荷的情况下一般是先产生上行正先导，随后产生下行负先导，它类似于自然雷电的下行先导，当其接近地面时，地面突出物上方会激发起上行迎面先导，这样就能产生强烈放电过程。用空中触发方式引发的雷电更适宜于研究它和地面目标物相互作用的机理和过程。

在现有条件下，引雷技术采用的是火箭－导线引雷技术，而火箭的作用只是牵引或伸长导线。因为火箭引雷有一定的安全隐患，除了火箭不安全之外，导线也可能存有隐患，如果人工引雷不能成功，导线落下后会威胁周围设施的安全，所以现在有一些研究小组在开发不用导线的人工引雷技术，如激光引雷、微波引雷、喷水引雷、火焰引雷、高温气体引雷……但这些技术还没有取得成功。

### 3. 人工引雷的应用

人工引雷技术可使雷电击中到某一固定地点，且其发生时间也可在某种程度上加以控制，这就为研究雷电物理及各种防雷方法提供了条件。如今，一些发达国家已经建立了人工引雷试验基地，而我国也建立了广州人工引雷试验基地，该基地的目标是通过长期的人工引雷试验，进行雷电物理和防雷方法及技术的系统研究活动。因为可以同步测量人工雷电的电流及其辐射电磁场，所以可检验和研究地闪的回击传输线理论及模式。按照这个理论，在回击初始阶段的数微秒内，其所产生的辐射电磁场与通道电流成正比，以及与通道的水平距离成

漂亮的人工引雷

反比，并也与回击电流速度有关。通过实验得知，回击的传输线理论模式基本上是成立的，但是与计算值相比，只是用光学方法测量的回击速度值要低一些。由实际测量的电流及电场值按传输线模式计算出的回击速度更接近于光速。人工引发雷电还可用于研究闪电通道的发光度演变、通道电流及其时变特征……与此同时，利用人工引发雷电及其他相关测量手段也可以研究雷电放电与雷暴动力及微物理过程的相互关系，研究雷电产生的氮氧化物及其他痕量气体的特性以及它们对天气气候的影响……通过实验可以发现，一般情况下，自然对地闪电发生后往往伴随有所谓降雨倾泻现象。另外，也有其他一些现象，如降水突增。引发的雷电是否对冰雹云发展起到抑制或减弱的作用，并进而利用人工引雷手段达到人工影响或抑制冰雹，这是一个值得研究的问题。

在雷电防护方面，空中触发的

人工雷电正用于研究下行雷电与地面目标物的相互作用，而且还在此基础上综合研究和评估雷电防护装置的性能，在这一方面已经取得了不错的效果。要想利用人工引雷技术可将雷电引到安全区，首先应当做的是进一步提高引雷成功率。目前，国内外引雷成功率较低，这需要对闪电产生的条件进一步研究，如电场、电荷或其他有关的空间条件，另外还要准确探测空中电场强度及其演变特性，因为近地面空间电荷层的屏蔽作用，所以只是通过地面电场的测量是无法了解空间电场特性的。

与此同时，引雷技术手段需要进一步发展，如使其更加灵活、接近自然或者是根据实际需要设计能完成特殊任务的雷电引发设施。到目前为止，人工引雷的主要手段是采用火箭拖带细金属丝的方式。为了能保证安全，火箭应具有抛伞或自毁功能。虽然也采取了人工引雷的其他一些手段，但是并没有真正取得成功，特别是激光诱雷，它产生了很多激光诱导放电，但在进行野外实验的时候并未获得确认的激光诱发雷电。无论是激光诱雷的理论还是技术问题，人们都应当继续进行深入研究，如果能够取得成功，其一定有着重要的学术和实用价值。无论如何，人工引雷应用是一个存在广泛想象空间和孕育着新的发明的领域，它为人工引雷技术应用领域的开阔创造了重要条件。从这一方面来说，发展引雷技术是必要的。

# 揭开雷电之谜的人——富兰克林

在夏季，我们都会看到白色的闪电，随之就能听到"轰隆隆"的雷声，雷声之大真是振聋发聩，与之相伴随的就是狂风暴雨。或许很多人认为这没有什么好神奇的，只是一种自然现象罢了。但是我们的祖先却将其看做是支配自然的一种神秘力量。在希腊神话中，雷电就在万神之王宙斯的手中，它有无比的威力，当他生气发怒时，就把雷电放出来震慑群神和人类。

中国人传说这是雷公电母在惩治邪恶，后来的欧美人又把雷电和上帝联系起来，说是上帝主宰雷电。随着科学技术的不断发展，很多科学家都想揭开雷电的秘密。富兰克林是首先做这种实验并且取得成功的人。

在 1752 年 7 月，富兰克林做了一个令世界震惊的实验。在闪电、雷雨即将到来的时候，他把一只大风筝放到天空，风筝越飞越高，肉眼几乎看不见，此时大雨倾盆而下，手握风筝线的富兰克林感到一阵麻木，随后，挂在风筝线下端的铜铃开始晃动起来，甚至还冒出点点火花。看到这种景象，此时的富兰克林欢呼雀跃地大叫起来："成功了！成功了！"富兰克林冒着生命危险揭开了雷电之谜。

富兰克林

事实上，在这之前，富兰克林就开始考虑雷电的问题。在1749年，他就曾写报告给英国皇家学会，建议用尖端金属杆装在屋顶，再用铁丝把铁杆同地面连接起来，这样就可以把天上的电引到地上，防止出现房屋遭到雷击的情况。但是，他的这项建议不但没有得到皇家学会成员的认同，甚至还遭到了他们的嘲笑。虽然这样，富兰克林仍然相信自己想法的正确性，于是就把这个想法通过写信告诉了朋友。而且发明出到现在为止都被使用的避雷针。后来，富兰克林通过进一步研究，了解到电是会流动的，它还可以分为正电和负电。富兰克林是电学原理的创始人之一。此外，富兰克林还有许多科学发明，并进行了多种科学研究，为自然科学做出了巨大贡献。比如，他发明了能节约燃料3/4的新式火炉——富兰克林炉；发明了老年人用的双光眼镜，既可看远，也可看近；发明了医学上使用的具有伸缩性的导尿管；试验了物体发热的灵敏度，测出了液体蒸发时热量散失的情况，研究了北极光的性质和原理等等。1752年，他被选为英国皇家学会会员，英国的爱丁堡大学、圣安德大学、牛津大学都先后授予他博士学位。

在1706年，富兰克林出生在波士顿一个手工业者家庭。在他小的时候，家里特别穷，所以读书不多。在12岁的时候就开始在印刷厂当学徒。由于富兰克林对知识充满了渴望，所以只要情况允许，他就认真学习，而且获得了丰富的知识。

富兰克林不仅是一位伟大的科学家，而且是一位杰出的政治家，卓越的外交家，美国独立运动的领袖之一，为建立美利坚合众国做出了不可磨灭的贡献。美国独立战争爆发后，富兰克林毅然断绝了同英国的一切联系，把自己的财产支援革命战争。他参加了《独立宣言》的起草工作，受"大陆会议"的委派，作为外交特使出访欧洲，在外交上取得了巨大的成功。

在国际上，因为富兰克林拥有渊博的知识，所以在学术方面获得了很高的声誉。首先他在法国取得了广泛的同情和支持。他利用英国和法国之间的矛盾，对法国政府施加压力，同法国政府签订了《美法友好商务条约》和《美法同盟条约》，后来随法国远征军赴北美参战。另外，由于他的外交手段较为出色，所以争得了西班牙、荷兰公开参加对英战争；随后很多国家也采取中立措施，这样就使得英国陷入孤立状态，而美国在此情况下扭转了局势，取得了胜利。

在独立战争胜利之后，富兰克

独立宣言

林又开始同英国和谈。通过一年多的艰苦努力，终于迫使英国在1783年签订了《美英和约》，并正式承认美国独立。

在1790年4月，富兰克林去世，但他为美国人民和世界人民所留下了巨大财富却永远无法被忘怀。

## 你知道吗

### 富兰克林的避雷针

富兰克林一项雷电实验：将一根削尖的铁棒固定在烟囱顶端向上伸出9英尺（1米=3.28英尺），从铁棒底部伸出一根金属线穿过屋顶下的玻璃管，并通过楼梯引下来与铁矛连接，在楼梯上将金属线分开，每头各系一只小铃铛，再用丝线在铃铛之间悬起一只小铜球，每当雷云经过时铜球就会摆动并敲响铃铛，而上方引出的电火花又可以给电瓶充电。这一实验再度证明了闪电就是电以及尖端吸引和放电的原理，并且证明可以利用这一原理使人类避免遭受雷电的袭击。

1760年，富兰克林把这种装置安装在宾夕法尼亚学院和政府大厦的尖塔上，这大概就是富兰克林发明并实际使用最早的避雷针了。

# 第二章

## 雷霆之怒——可怕的雷电灾害

　　雷电灾害泛指雷击或雷电电磁脉冲入侵和影响造成人员伤亡或物体受损，其部分或全部功能丧失，酿成不良的社会和经济后果的事件。雷电灾害的损失包括直接的人员伤亡和经济损失，以及由此衍生的经济损失和不良影响。雷电作为自然界中影响人类活动的严重灾害之一，不仅造成了人员伤亡，也给航空航天、国防、通讯、计算机、电子工业、石油化工、邮电、交通、森林等行业造成了严重的经济损失。

# 什么是雷电灾害

雷电的成灾是由以下三方面基本因子相互作用而成的。一是致灾因子，包括灾种和致灾强度；二是承灾体，包括承灾体的环境时空条件和承灾力；三是雷电灾情，包括灾情和灾度。从这三种因子的互动过程，可以看出，雷电成灾过程就是致灾因子通过承灾体的中介而产生雷电灾情的过程。雷电灾情的大小既取决于灾种、致灾强度的大小，又取决于承灾体的环境时空条件和承灾力大小。而雷电灾情的大小又反过来影响承灾体即人类社会的生存和发展。作为承灾体，人类社会既受到致灾因子的影响，又影响着致灾因子的生成和发展，有时往往会构成或引发社会灾害或人为灾害。社会灾害也通过承灾体的中介作用

被雷击的树木

产生新的灾情。这是一种互馈式互动模式或过程。

### 1. 致灾因子

致灾因子也称为灾象或灾源，是指自然界物质运动过程中一种或数种有破坏力的自然或自然现象，它往往是造成自然灾害的直接原因。

雷电灾害的致灾因子是雷电，但是雷电危害的方式对雷电灾情的大小具有很大的作用。在充满图腾和禁忌的蒙昧时代，先人们对自然、社会和人类自身缺乏了解，往往把雷电灾害根源归结为超自然的"上帝"、"神"或"魔"的力量。因此有"雷公"、"电母"之称。随着社会生产力的发展和科学技术的进步，人们逐渐对雷电灾害成因有了比较正确的认识，比较重视对致灾因子的研究。

但是不可否认，人类活动也形成了社会灾害或人为的一些灾种，如酸雨、沙尘暴、火灾等。人为的致灾因子所产生的灾情，以世界上若干公害事件为例，如比利时的马斯河谷事件，美国多诺拉烟雾事件，洛杉矶光化学烟雾事件，阿拉斯加的溢油事件，英国伦敦烟雾事件，日本的四日市哮喘事件、水俣事件、骨痛病事件、米糠油事件，瑞士桑多化学公司仓库爆炸、污染莱茵河事件等等。所以，原联合国人口基金会总干事萨拉斯把人类无限膨胀的欲望称作"欲望炸弹"。这种"欲望炸弹"的气浪引发了灾难。人们无节制地向自然索取，而遭到了"大自然的报复"，这种报复就是社会——自然灾害。

任何致灾因子中的灾种自身都有一个运动过程，这个过程可分为孕育期、潜伏期、预兆期、爆发期、持续期、衰减期、平息期，这对雷电灾害也一样。雷电灾害的致灾因子可以用三个参数来表示，即时、空、强。

雷电的威力非同小可

时：雷电出现或发生作用的时间。

空：雷电所在地理位置。

强：雷电强度。

## 2.雷电灾情

雷电灾情是雷电作用于承灾体所造成的人员伤亡、社会财产损失、灾害救助损失以及恢复其正常社会秩序投入的总和。

雷电灾情用雷电灾害事件和雷电灾害损失来表示。雷电灾害损失由三方面要素构成，一是雷电灾害对人的影响，包括受灾人数、成灾人数和伤亡人数；二是雷电灾害受灾范围，包括受灾面积和成灾面积；三是直接经济损失。

为了使各种灾情有个可比较的测度，马宗晋等学者曾提出"灾度"这一概念。灾度是自然灾害损失绝对量度的分级标准，以人员伤亡和直接经济损失两个指标把灾情分为巨灾（A级）、大灾（B级）、中灾（C级）、小灾（D级）、微灾（E级）。后来，刘燕华又提出了"灾情等级的绝对指标"与"灾情等级的相对指标"。

## 3.承灾体

雷电在造福人类（产生臭氧、增加氮肥、清新空气）的同时，也带来了雷电灾害。雷电灾害总是损害人类的利益，威胁人类的生存，无情地毁坏人类的生存环境，贪婪地吞噬着人们的生命财产，是人类生存和社会发展的大敌。所以人类社会及其生存环境是雷电灾害的承灾体。灾害影响社会,造成人员伤亡、迁移、暴乱和异族的入侵。在封建社会，国家的重大事件和政权更替又常与严重的自然灾害相关。尽管灾情的大小是与致灾因子的灾种、致灾强度相关，但承灾体的时空条件和承灾力对灾情大小也有着极大影响。

相同强度雷电作用于承灾体，由于时空条件不同，雷电灾情条件不同，雷电灾情也有很大的不同。不同的社会条件即使同样的雷电

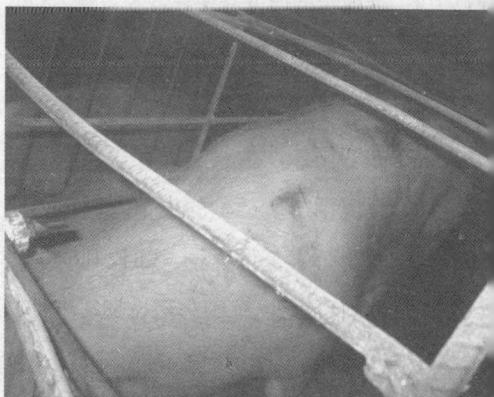

被雷电击中的家畜

因雷击坠毁的飞机

强度，其雷电灾情也不同。在沙漠和人烟稀少地区，与在繁华的人口密集区发生同样等级的雷电灾害，灾情就大不相同。可见，某一灾种作用于承灾体，具有区域性的冲击力和破坏力分布差异。在不同的时间，如在农业生产的不同季节，致灾因子的某一种所造成的损失也不同。

雷电灾害承灾体的承灾能力更是影响着雷电灾情大小的重要因素。有致灾因子存在总会造成灾情。人类社会至今还无能力来消灭致灾因子，但是灾害承灾体对灾情起到制约作用，即具有减轻自然灾害的能力。从历史上来看，影响承灾体抵御能力的社会因素，有三个方面：

（1）缺乏减灾意识、忧患意识，对致灾因子形成、发展不能及时认识和适应。

（2）虽然对致灾因子所造成灾害的危害性有所认识，但由于缺乏科学技术知识和经济实力，没有完善的对策，或虽有对策也无法实现。

（3）由于人们的认识不够，不能形成统一的反应机制，从而使应起作用的响应机制失去作用。

因此，我们不难由上述灾害成因分析中看出，尽管作为造成灾害的直接原因的致灾因子，总是一种自然现象，但另一方面，产生灾害的前提又往往和人类的生产方式和生活方式及其抵御自然力的能力有关，也就是说，产生灾害的结构原因又往往在于人类社会本身的弱点和人类活动中的失误。这种弱点和失误或表现为不合理地盲目开发自然资源，或表现为人类不自觉地日益污染生态环境，从而降低人类生存环境的空间质量；或表现为人类科技发展的阶段性和局限性带来的危害，或表现为因人类自身生理或心理的固有弱点造成的危害等等。比如防雷装置不安装或安装不规范导致雷击事故。

总之，灾害或自然灾害归根到底是一种社会事件，在本质上它是对人类社会特定环境和秩序的破坏。

## 你知道吗

### 一些雷击概率

第一个情况：独立矩形别墅（15米×10米），5米高，所在地区雷闪密度为每年每平方千米1.2次；该建筑物相对较低，截收面积为0.0016平方千米，雷击概率为每年0.00192次，即每520年1次。这种情况下通常不需要防护。

第二个情况：一位成人1.83米高，站立在与第一个案例相同的地方，预计每7350年被雷击1次。

第三个情况：一座化工厂（200米×50米），30米高，所在地区雷闪密度为每年每平方千米3次，截收面积为0.08平方千米，预计每4年被雷击1次。如果化工材料有危险性，这种工厂应进行雷电防护，风险评估将证实该工厂需要最高防护水平（I级以上）。

# 雷电灾害的特性

雷电灾害是一种过程，也是一种现象，具有其自己的特性。它同任何自然灾害一样，有以下几个方面的基本特性。

## 1.普遍性和恒久性

全球每年约有12亿个闪电，即每秒平均30多个。因此，就某一时间段而言，雷电灾害时时刻刻、无

遭遇雷击的民居

雷击冒起的黑烟

处不在。

### 2. 多样性和差异性

由于雷电在时间和空间分布上的差异，以及强度的不同，这就导致雷电灾害的多样性。此外，由于雷电危害方式不同，也使其具有一定的差异性。

### 3. 全球性和区域性

一方面，雷电灾害在全球每一个角落都有可能发生；另一方面，雷电灾害的发生和影响范围都是有限的。因此具有全球性和区域性。

### 4. 随机性和可预测性

雷电灾害的发生及其要素（发生的时间、地点、强度等因子）似乎是不能确定的，这就是雷电灾害的随机性。不过，雷电灾害本身的发生、发展过程是具有规律性的，是可以预测的。只是由于人类目前对雷电还不完全了解，不能准确预测一切时刻、一切地区雷电灾害的形成与发生过程，雷电灾害发生对人类而言具有随机性。因此，雷电灾害的随机性和可预测性是相对于人类的认识水平而言的。

### 5. 突发性

雷电灾害的发生通常在人们尚未意识到的时候就突然降临，使人们猝不及防，往往带来惨重的后果。

# 易被雷电袭击的对象

雷电"喜爱"在尖端放电，所以在雷雨交加时，人在旷野上行走，或扛着带铁的金属农具，或骑在摩托车上，或恰恰举起高尔夫球杆，或在电线杆、大树下躲雨，人或物体容易成为放电的对象而招来雷击。建筑物的顶端或棱角处，也很容易遭受雷击；此外，金属物体和管线都可能成为雷电的最好通路。

## 1. 易遭雷击的地点

土壤电阻率较小的地方，如有金属矿床的地区、河岸、地下水出口处、湖沼、低洼地区和地下水位高的地方；山坡与稻田接壤处。

具有不同电阻率土壤的交界地段。

## 2. 易遭受雷击的建筑物

高耸突出的建筑物，如水塔、电视塔、高楼等。

排出导电尘埃、废气热气柱的厂房、管道等。

山上的尖塔很容易遭受雷击

内部有大量金属设备的厂房。

地下水位高或有金属矿床等地区的建筑物。

孤立、突出在旷野的建筑物。

**3. 同一建筑物易遭受雷击的部位**

平屋面和坡度 ≤ 1/10 的屋面、檐角、里墙和屋檐。

坡屋度 > 1/10 且 < 1/2 的屋面、屋角、屋脊、檐角和屋檐。

坡度 > 1/2 的屋面、屋角、屋脊和檐角。

建筑物屋面突出部位，如烟囱、管道、广告牌等。

据统计，不同的树受到雷击的可能性也不同。据调查，在 100 次雷击树木中，击中橡树的次数最多，为 54 次；杨树为 24 次，云杉为 10 次，松树为 6 次，梨树和樱桃树为 4 次。但它从来不会击中茂密树林中的桦树和椴树（而不是指空旷地区的孤树）。

观察表明，建筑物越高，遭受雷击的可能性越大。在整整 400 年间，意大利威尼斯著名的圣马可教堂的钟楼，被雷击 12 次，使得好端端一座建筑物遭到严重破坏。美国纽约市的帝国大厦，每年平均遭到 3 次雷击；瑞士卢加诺山上的一个塔顶仅一年时间受到雷击就有 100 次之多！

被雷击中的古木

你知道吗

## 雷电击出龙形纹

1993年的一天，辽宁省某风景区有一小商贩遭遇一次雷击后不仅大难不死，苏醒后，反而发现自己从左腋到右腋横跨胸前的皮肤上留下了一条像是传说中的"龙"形花纹，真是奇迹。

事情就有那么巧，李庄在一次雷击中，村民陈平身上也出现了似"龙"一样的花纹。陈平经抢救后，慢慢苏醒。被雷击大难不死，活下来真幸运。消息传开后，村里各种传闻四起。有的说是"佛祖"在保佑他，有的说是"龙神"在保护他。很多人不相信，但是又说不清为什么遭雷击后皮肤上会留有"龙"形花纹。遭雷电袭击是电流通过人体时造成的伤害。陈平和那位小商贩，正好是电流通过人体的强度不大，刚好使肌肉收缩并受伤，造成胸前皮肤上留下一条弯曲似"龙"形的花纹，而并非是有什么"佛祖"或"龙神"在保佑他们。

# 雷击物体的过程和危害

## 1.地闪接地过程和击距

绝大部分云地闪电先导启动于云内，向下传播并接近地面时，在其强大电磁场作用下地面突出物尖端启动向上行进的先导，两者相向行进，直至相互连接，形成正或负地闪。

闪电击地点与云内启动点的水平距离在零千米到大约 25 千米范围内变化，雷击点既可能正处于闪电启动点的正下方，也可能处于其远处，即出现所谓的"晴空霹雳"现象；当然距雷电启动源区越远，出现雷击点的可能性越小。云地闪电的下行先导的传播和接地行为以及接地点位置决定于雷暴云电荷结构和电场强度分布的总体形势，即取决于在雷暴云尺度（10 千米量级）相当的三维空间范围内云体的电荷结构及下垫面地形和土壤电导率分布特点。某个地面构建物的几何尺寸远小于云体尺度，这种小尺度的结构特征不均匀性对下行先导行为的影响只会在下行先导运行到离构建物一倍至几倍击距以内时才有明显的表现。闪电下行先导和构建物之间相互作用的方式和强度，或雷击危害形式和程度由三个主要因素决定：

公路上的雷电

（1）先导位势或电荷量。

（2）物体距下行先导的水平距离。

（3）物体的结构特性，如突出尖端，边缘，高度等。

### 2. 建筑物的雷击危害形式

建筑物泛指简易民房，古建筑物，高层楼房，装备有各种电子和电器设备的现代化智能大楼，高塔，烟囱以及各种用途的地面仓储构建物等。雷击危害建筑物形式主要是直接雷击和雷电电磁感应两种。

雷电直接击中建筑物可能造成结构损坏，着火燃烧以及人员伤亡事故。例如，1957 年 7 月 6 日明十三陵长陵棱恩殿遭受雷击，劈掉西部吻兽，劈裂两根直径 1.17 米，高 14.3 米的高大楠木柱子，死 1 人，伤 3 人。这类雷击危害形式源于雷电流的热效应和机械效应。当强大

遭遇建筑的雷击

的雷电流流过击中物体时，热效应导致物体内的水分或其他可挥发成分急剧蒸发或气化，产生局部气体压力突增，膨胀和爆裂，可使树木劈裂、房屋破坏、器物爆裂等，有些闪电的时间较长，则容易造成木结构物或其他可燃物的高温燃烧起火。

雷电电磁脉冲危害是建筑物内部雷击灾害的重要形式，这一形式或效应过去称之为雷电二次效应，还有人称之为"感应雷"，是指雷电电磁场在电子和电气设备的线路上或在其接地线上，耦合产生的电压波形成的一种危害电子设备或电力线路正常功能的形式。有多种途径可能导致雷电

电磁脉冲危害：

（1）附近自然雷电的电磁辐射对建筑物内的电力线路和电子设备的电磁干扰。

（2）建筑物的防雷装置接闪时，强大的瞬间雷电流对建筑物内电力线路和电子设备的干扰。

（3）由外部各种强弱电架空线路、电缆传来的雷电电磁脉冲对建筑物内的电子和电器设备的干扰破坏。

例如，1957年7月8日中山公园的一棵大树落雷，雷电流感应至附近的配电线路，然后传至中山公园音乐堂内，烧毁了配电室、舞台和观众厅的大顶棚。现代建筑物内几乎都有复杂程度不同的家用电器

气象站的避雷塔

和微电子设备以及铺设供水、供气、供电和通信等金属管线，民用建筑也不例外。据研究：实际建筑物内的电磁环境很复杂，通常钢筋框架结构的屏蔽效能只有3～15分贝，现浇密网钢筋混凝土的屏蔽效能为32分贝，而电子设备要求的有效屏蔽效能应该为98分贝以上。近年来，雷电电磁脉冲对建筑物内部电子和电器设备的干扰，损伤和破坏的事故频发，危害增多，损失增大，日益成为建筑物防雷设计关注的重点。必须重视实际钢筋混凝土建筑物的屏蔽能力不足的问题，对于现代电子和电气设备密集的智能型大楼的雷电防护，更要严格按照国家防雷规章做好外部和内部的防雷设计和施工，对重点设施和大楼的(电源线，通信线，及各种管线等)进出线还要加强屏蔽和合理安装浪涌保护器等防雷设施。

### 3. 电力设备的雷击危害形式

雷击架空的输电、配电线路可能引起绝缘闪络的三种危害形式：

（1）绕击（SF）形式：雷电直击于相导线，对金属杆塔、地面或屏蔽线、中性线，或其他相导线发生闪络。对于架空配电线，视阻抗典型值500欧（每边），遭到典型的30千安回击电流直击将产生7.5毫安的过电压，而配电线的绝缘水平通常只有100～500千伏，所以这种直击雷防护是困难的。有效的防护方法是在其上方架设接地良好的屏蔽线。即使不完备的屏蔽线也能够拦截大部分直接雷，而设计良好的屏蔽线也不可能对直击雷实现100%的拦截。在这种屏蔽失败的情况下，发生绕击的雷电流也比较弱，只要采取足够高的绝缘防护措施，可以避免或大大减少闪络的发生。

（2）反击形式：雷击于避雷线及其支持架构，对相导线产生闪络。设计良好的屏蔽线可以把雷电直击后产生反击事件数降低到很少，进一步采取绝缘防护和其他避雷措施能够避免或大大减少输配电线路的中断事故。

（3）感应毫安形式：靠近线路近处，未与线路有任何接触的某处发生雷击产生感应过电压，一边小于300千伏，对于输配电线而言，不是主要威胁；但对于安装了复杂电气和电子检测和控制仪器的输配电控制中心（室）来说，对雷电电磁脉冲的防护是不可疏忽的。

地下电缆的雷击危害形式：目前有很多城市的配电线路是利用埋设地下电缆进行输配电的。地面雷击点通常只有10厘米或更小，但该点附近土地内形成击穿电场，若土壤电导率为0.001西门子/米，回击峰值电流30千安，击穿半径大约4米，产生的非均匀电弧半径还要大，例如在地面上留下几米至几十米长的非均匀电弧和烧蚀痕迹。由于雷电流脉冲能量主要分布在10千赫兹以下，雷电流穿透深度可以达到几十米甚至100米以上，地下闪电弧能够使得电导率小的沙质土壤变成熔岩状玻璃管就是雷击在地面以下威力的表现。埋设于雷击点附近的地下电缆将吸引电弧，把雷击效应传播到更大范围，1960年以前西欧一些国家在山区开挖隧道时屡屡发生隧道内电雷管爆炸的事故便起因于此。地下闪电弧可能造成电缆绝缘层局部或大面积穿孔，甚至导致中性线的熔化，立即导致供电中断或留下隐患；由此产生的浪涌电压可能损坏变电设备或危害居民用电安全，所以处在雷击点下方

地下设施也难免雷击

的地下作业，不能不考虑潜在的雷击危害。

配电室和输变电中心要重视直接雷击危害，更要重视其内部的电子和电器设备的雷击电磁感应危害。

### 4. 微电子设备的雷击危害形式

高速大容量集成电路功能飞速提高的同时，其可承受的极限功率呈指数下降，50年前分立电子元件的毁坏功率是毫瓦量级。今天，高速大容量微电子设备对于雷电电磁干扰和影响已经极其敏感，其毁坏功率已经降至万分之一毫瓦以下。耐压很低，一般微电子设备经受不了正负5伏的电压波动。我们认识一下雷击危害形式是：

（1）暴露在雷电电磁场作用下静电感应和脉冲电流的电磁感应以及闪电辐射场的影响导致微电子设备的扰乱和破坏。

（2）直接雷击或通过电磁感应在外部各种强电、弱电架空线路或电缆内产生雷电波，再经过这些线路传来，直接侵入和危及微电子设备。

（3）建筑物防雷装置接闪时，强大的雷电流通过建筑物的混凝土内钢柱结构，产生快变的磁场，在计算机系统或其他微电子系统的环形线和电缆上感应浪涌电流，造成与直接雷击电流入侵类似的危险和干扰。

### 5. 飞行器的雷击危害形式

根据美国商业飞机1950～1974年间遭雷击事件统计，大体每飞行3000小时遭雷击一次，或每年遭雷击一次。据南非1948～1974年统计，大部分雷击飞机事件多发生在3～5千米高度范围，每1万小时遭雷击1～4次。目前主要客货运飞机的飞行高度提高，接近云顶或在云顶以上飞行，大大减少了飞行中遭受雷击的可能性，但在起飞和着陆以及驻留机场期间的雷电防护问题仍然不可回避。

雷击飞机的后果是：闪电灾害后果包括飞机表皮上的烧蚀斑和熔洞，或由电阻热升温或磁作用力效应导致非金属构件的撕裂，如飞机头部雷达天线罩，活动机翼，尾舵和翼尖处的指示灯等毁坏，以及因为雷击导致连接、铰链和关节部的电弧和火花，或油箱蒸汽的点燃爆炸，酿成飞机解体和机毁人亡；电

模拟空难场景

磁感应效应在飞机内产生的有害电压和电流，包括扰乱或破坏飞机的许多电子系统，同样可能造成严重事故。通常分为直接效应和间接效应（或感应）。现代飞机设计和制造中越来越多地采用非金属合成材料，可以大大减少飞机自身重量，但却可能降低对雷电直接和间接危害的屏蔽和防护能力，在这一工程领域内面临着如何保证雷击防护设计可靠性的新课题。

各种飞机遭雷击频数随高度分布形式是类似的，高频数在 0～5℃温度区；以现代喷气飞机巡航高度虽然在9千米，遭雷击可能性较小，但它常在起飞爬升或降落遭遇雷击；绝大部分雷击发生于云内，只有百分之几的雷击事件发生在云下和云外。绝大多数雷击飞机事件与湍流和降雨现象相伴随，其中70％事件发生时有降雨，12％的事件发生时有雨、雪、雨夹雪或冰雹。

# 雷击区的分布

雷击区与地质结构有密切关系。科学家曾经通过模拟实验来说明，如果地面土壤电阻率的分布不均匀，那么电阻率小的地区雷击率大。这说明了同一地区也有不同的雷击分布，所以将这种现象称为"雷击选择性"。

试验结果证明，雷击位置经常在土壤电阻率较小的土壤上，而电阻率较大的多岩石土壤被击中的机会很小。这是因为在雷电先驱放电阶段中，地中的电导电流主要是沿着电阻率较小的路径流通，使地面电阻率较小的区域被感应而积累了大量与雷云相反的异性电荷，雷电

自然就朝这些地区发展。

土壤电阻率较大的山区和平原有着较为明显的雷电选择性；有金属矿床的地区、河岸、地下水出口处、山坡与稻田接壤的地上和具有不同电阻率土壤的交界地段是雷击的多发区。

雷击也多发在湖沼、低洼地区和地下水位高的地方。除此之外，雷击选择性与地面上的设施也有重要关系。

当放电通道发展到离地面不远的空中时，电场受地面物体影响而发生畸变。如果地面上有一座较高的尖顶建筑物，因为建筑物的尖顶

雷暴具有选择性

具有较大的电场强度，雷电自然会被吸引向这些建筑物，所以更容易遭受雷击。

在旷野，即使建筑物并不高，但是由于它是比较孤立、突出，因此也比较容易遭受雷击。调查结果表明，在田野里供休息的凉亭、草棚、水车棚等遭受雷击的事故是很多的。

从烟囱冒出的热气柱和烟囱常含有大量导电微粒和游离分子气团，它们比一般空气易于导电，这就等于加高了烟囱的高度，这也是烟囱易于遭受雷击的原因之一。因此，在一座较高的烟囱附近，如果有一座较低的烟囱，在高烟囱不冒烟而低烟囱冒烟的情况下，雷电往往直接击在低烟囱上。所以在高低两条烟囱并排时，即使低烟囱在高烟囱雷电保护范围之内，但仍然要求两条烟囱都要装避雷装置。

建筑的结构、内部设备情况和

烟囱是雷电最喜欢的目标之一

状态也会影响雷击选择性。金属结构的建筑物、内部有大型金属体的厂房，或者内部经常潮湿的房屋，因为具有很好的导电性，所以遭受雷击的概率比较大。

相关资料表明，雷击的地点以及遭受雷击的部位是有一定规律的，所以为了防止雷击，需要掌握这些规律。

**你知道吗**

## 雷电是否真的永远不会两次击中同一地点

这种说法不正确。比如摩天大厦，有时摩天大厦在同一次雷暴中会被击中几次。例如，莫斯科奥斯坦金诺电视塔每年平均被雷击30次（多数是上行雷）。

# 雷电灾害的危害

从国际范围来看，相关统计表明，雷电灾害是联合国"国际减灾十年"公布的最严重的十种自然灾害之一，为此造成了严重的经济损失，死亡人数也较多。除此之外，雷电也带来了很多其他问题，如火灾、爆炸、建筑物损毁等事故频繁发生。因为雷电无孔不入，所以几乎全球范围内的很多东西都不可避免遭到雷电灾害的严重威胁。

## 1. 雷电灾害对人身安全的影响

雷灾严重损害人体健康。雷击致死的第一个重要生理效应是人的心脏停止供血。人的心脏有两个心室，左心室使血液流经全身，右心室使血液流经肺部，正常人的两个心室的肌肉都是同时收缩和同时舒张以产生规律性的压力造成血液循环。当电流通过心肌时，破坏了这种协调性，各心室独立动作，不做有规律的收缩（即所谓心脏跳动），而是做软弱的不规则颤动，医学上称为纤维性颤动，出现这种生理效应时，血液停止循环，约4分钟即可导致死亡。

我国雷电灾害每年造成近千人伤亡，尤其很多受害者或春秋正盛或为莘莘学子和天真活泼的儿童，使很多家庭支离破碎，给这些受害者及其家庭带来不可挽回的伤害和

**雷击很危险**

损失，减轻雷电对人民群众生命的威胁是建设和谐社会的一部分。从英、美、荷兰、澳大利亚等国长期的科学统计数据来看，死于雷击事故的人数在稳步下降，例如对于英国，在一个半世纪里整个人员伤亡数有明显的逐步下降，从1870年的23人下降到1990年的3人。这与防雷技术和急救医疗的进步密切相关，同时也受当地人口从农村到城市迁移的影响。因为雷击严重威胁着人民的生命财产安全，所以要加强雷电防御，提高人民的生存安全感。

随着改革开放的不断推进，有越来越多的外国游客来中国旅游，而随之而来的就是中国旅游项目的增多，特别是户外活动，因此一定要关注雷电对于这些户外人群的威胁，一旦雷电造成一定的人员伤亡，其必然会有损中国形象。除此之外，因为人民群众的工作和生活越来越离不开电气、电子设备，而这些设备中集成电路的耐过电压过电流能力极为脆弱，所以可能被雷电干扰甚至损坏，引发人员伤亡。在这一方面也一定要引起相关部门的注意。

## 2.雷电灾害对经济建设的影响

雷电灾害的严重性首先表现在它具有强大的破坏性上。在现有条件下，雷电灾害的发生是人类无法控制和阻止的，这种灾害的特点是雷电放电电压高，电流幅值大，变化快，放电时间短，电流波形陡度大。另外，雷电产生强大破坏作用的原因是强大的电流、炽热的高温、猛烈的冲击波、剧变的电磁场，以及强烈的电磁辐射等物理效应，容易造成人员伤亡、巨大破坏、起火爆炸等。雷电灾害波及面非常广，涉及人类社会活动、农业、林业、牧业、建筑、电力、通信、航空航天、交通运输、石油化工、金融证券……随着高科技的发展，雷电灾害显得越来越严重。雷灾的严重性更表现在,雷电通过多种渠道侵害地面物。除直接雷击外，还有雷电的静电感应作用，闪电放电时的电磁感应作用；闪电放电时产生的强烈电磁脉冲；雷电反击以及雷电过电压波可能沿各种架空线、无线电天线、天线馈线、电缆外皮和金属管线等传入仪器设备，酿成祸患，并由此而引发的其他灾害所造成的直接和间接经济损失是无法估量的。

雷电对我们国家许多部门的安全生产有严重威胁。我国大部分地

**雷击引发的火灾**

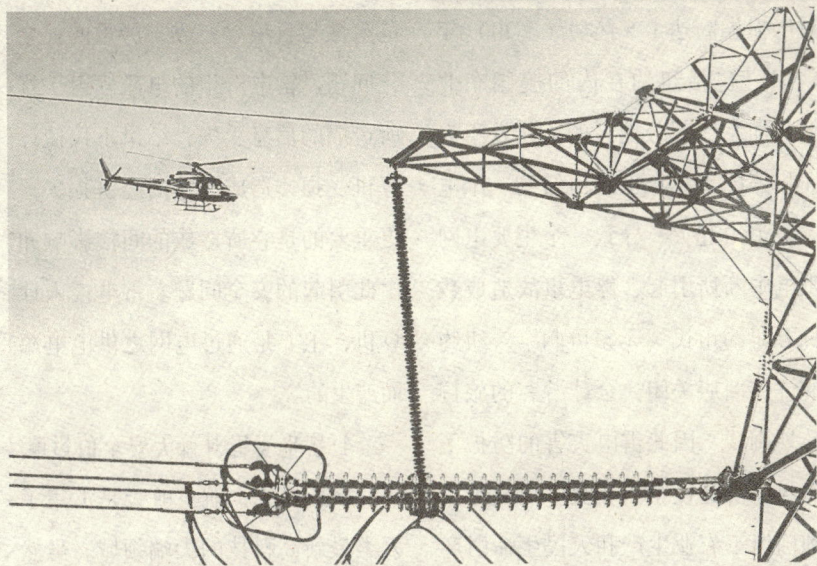

雷电击中输电网络还会造成大规模停电

区属雷电多发区，雷电既是威胁一些高科技领域的重要灾害，也是对化工、石油、矿山开采、高层建筑、加油站、输电线、森林等易燃易爆场所安全生产的主要威胁因素之一。例如1989年，我国青岛市黄岛油库于8月12日遭雷击起火，燃烧104小时才勉强扑灭。伤亡人员近百名，烧毁原油3.6万吨，整个油库毁坏殆尽，变成一片废墟。又如某数据中心，集全体技术人员历时三年的研究成果和宝贵数据也因一次雷灾而化为乌有。各项损失都特别大。这种例子数不胜数。20世纪80年代之后，雷灾出现新的特点，因为

一些高大建筑的兴起及其上面的设施都会吸引落雷，这必然导致建筑物遭到破坏。增设的各种架空长导线也会引雷入室，即使有避雷设置也不会发生作用。除此之外，随着微电子技术的广泛普及，这也导致了雷害对象的转移，同时导致人身伤亡事故发生的可能性也增加了。鉴于这些方面，人们应当采取措施来预防和降低这些雷电危害的产生程度。

1977年7月13日：雷电击中电线，导致美国纽约断电25小时。随后发生的趁火打劫导致1700多家店铺遭抢劫或破坏，370多人被捕，

财产损失高达 1.5 亿美元。2003 年 14 日，包括纽约在内的美国东北部和加拿大部分地区的突然发生大面积停电事故，也是由纽约一个电厂遭雷击起火，导致一个主要电网供电中断所引起，停电事故造成数百万纽约市民"无家可归"，纽约的许多商店关闭，全球游客的旅行计划搁浅。因此雷电灾害的防护不仅与经济建设紧密相关，更是关系到确保工农业生产和人民生命财产安全，维护社会稳定的大事。

### 3. 雷电灾害对信息技术的影响

在现代社会中，信息技术发挥着越来越重要的作用。它不仅关系着国民经济的发展，对人民生活水平的提高也发挥了重要作用。信息技术的核心是微电子技术、通信技术、计算机技术和网络技术。近些年来，随着电子技术的高速发展，各行各业对计算机信息系统的依赖程度越来越高，计算机系统已经成为信息资源的重要载体和储存库。然而，雷电电磁辐射干扰直接影响着计算机系统的稳定性、可靠性和安全性。电磁辐射对计算机系统及其数据存储所产生的干扰、破坏的危险性与日俱增，成为严重的社会化问题。雷电产生的电磁辐射干扰所造成的信息丢失，结果不仅使计算机受损，造成严重的经济损失，更重要的是它所造成的间接影响和由此引起的安全问题。雷电侵入计算机，主要是通过电网之供电电源而产生的。

### 4. 雷电灾害对航天安全的影响

众所周知，航空航天是汇集了人类最新高科技的尖端领域。虽然防雷技术并不突出，然而却不能忽视。液氢燃料的加注过程、火箭的发射升空都不能在有雷电的情况下执行。雷电除对航天飞行器、发射塔等造成直接破坏外，还可引爆火箭的点火装置，使火箭自行升空，或使发射过程中的火箭爆炸，因此火箭上的主要电子仪器必须有极强的抗雷电辐射和静电干扰的能力。一方面发射场高耸的发射架和耸立在发射台上的运载火箭都是良好的尖端放电物，极易遭受雷击；另一方面航天器发射后，会迅速改变周围环境的电场分布，使电场强度剧增，严重时会诱发雷电；火箭发射升空的过程中，起电的云层，甚至没有明显自然闪电的云，也可能袭击飞行中的航天飞行器。雷电一旦击中航天飞行器，将造成巨大的经济损失，而由此产生的间接经济损失和社会影响更是不可估量。1987年3月26日美国国家航天局利用大力神火箭从美国卡纳维拉尔角基地发射海军通信卫星时曾遭受雷击而使发射失败，当时火箭发射约1分钟后受雷电干扰突然失控，浪涌电压破坏了制导控制计算机，导致星箭俱毁，损失高达1.7亿美元。1987年6月9日美国航天局在瓦罗普斯发射场实施航天发射前，一阵暴风雨突然降临，3枚火箭被雷电击中，雷电触发火箭自行点火启动，结果两枚火箭升空后在预定轨道上仅飞行了4千米，另一枚飞出100米左右坠入大西洋，导致发射彻底失败。因为我国发射任务相对较少，另外又考虑到了必要的防雷措施并选择100%避开雷雨天气进行发射，所以到目前为止还没有出现因雷电而引起的航天发射事故，但这并不意味着航天事业就不需要改进了，而是对我国航天发展提出了更高的要求，需要采取更有力

曾有运载火箭遭雷击爆炸的事件

的措施来保障夏季雷暴频发季节进行航天发射的安全。

### 5. 雷电灾害对信息安全的影响

如今，各国军队改进装备的重点被放在利用信息技术提高队伍的各种能力上，如快速响应能力、战场及战略情报的收集能力、后勤补给能力……同时还有其他一些方面，如利用信息技术改进武器的精度、

机动性……这足以证明了现代战争是全面信息化基础上的战争，同时也说明了信息技术对战争的重要性。雷电对信息时代的军事行动和电子装备，如雷达、电台、导弹、飞机等兵器都有严重破坏和干扰，因此对现代战争有重要影响。雷电产生的强大辐射场，可使一切以微电子器件、计算机技术为基础的信息传输、通信、指挥等系统内部敏感的电气和电子线路中产生致命的电压和电流，可以改变电子线路某些元件的工作状态，造成电路功能紊乱、传输的信号产生误码和错乱，甚至使整个网络失去控制。因此现代战争中，雷电的破坏作用是不容忽视的。

### 6.雷电灾害对交通安全的影响

雷电严重威胁着交通运输安全。在全球范围内，每年因雷击而造成的交通安全事故特别多。雷电可以直击交通工具产生直接破坏，其中对飞机的飞行安全威胁最大。铁路、高速公路的特点是面广、线长，不仅要有强电设备，而且还要有大量的监控、通信、传感等弱电设备，外场设备遍布全路段，旷野区域往往有突出的设备点，电力线路往往要翻山越岭，传输和控制线路往往

雷击有时候会导致交通瘫痪

穿越复杂的地质层面,如此种种都造成了线路易遭雷击或雷电感应的弱点。雷击事故轻则使部分设备被击坏,系统丧失部分功能;重则使全系统瘫痪,经济损失惨重;更有甚者,因系统频繁遭受雷电侵扰,系统不能正常运行,全部系统功能丧失,给交通安全带来极大隐患。我国大部分地区属雷电多发区,因此加强交通运输行业的雷电防护有重要的实际意义。

### 7. 雷电灾害对生态安全的影响

在我国,每年都会有大量森林发生火灾,这严重威胁着生态环境和经济发展。其中的很多火灾都是由雷电引发的。雷击火灾是林业的最重要灾害之一,据统计,我国大兴安岭由于雷击引起森林火灾占森林火灾总数的24%,而小兴安岭的伊春林区由于雷击引起森林火灾占森林火灾总数的7%。2002年7月28日内蒙古大兴安岭北部原始林区因雷击引发新中国成立以来最为严重的雷击林火,火灾涉及19个火场,火灾面积达4万公顷。近1.6万名林业职工和官兵在4架直升机、2架运五飞机和1架人工增雨飞机的协助下,经过23个昼夜才将大火扑灭,仅扑火费用就高达近1亿元。此次雷击引发的森林大火,受到全国人民和

被雷击毁的工厂

党中央、国务院的高度关注和重视，由它所造成的生态损失和影响是十分严重的。

### 8. 雷电灾对户外体育活动影响

随着人们户外体育活动的不断增加，因为雷电而导致的人员伤亡和活动中断等事故也时有发生，所以各类体育场馆一定要有较好的雷电防护设施。

### 9. 雷电灾害对现代建筑物的影响

众所周知，雷电是发生在大气中的一种放电现象，其特点是高电压、大电流、强电磁辐射。通常，防雷技术是在高大的建筑物楼顶或其附近，安装防直击雷的防护装置。这种防雷装置是由三部分组成，即接闪器、引下线和接地体。安装这种防护装置的目的是将强大的雷电电流，按照设计的通道泄放到大地。也就是由设在建筑物顶端的接闪器拦截雷电电流，之后通过导电通畅的引下线，引导到电阻值很小的接地体泄入到大地。这是属于防直击雷的措施，一般我们称之为外部防雷。

当雷击发生时，建筑物的外部防雷装置确实有效地防御了雷击对建筑物结构的破坏，防止和减少了火灾和人身伤亡。但它并不能保护建筑物内的电气系统和电子系统免遭雷击。因为：

（1）当雷电流快速泄放到大地的同时，在空中就会产生一个强大的变化磁场，处在这个强力变化磁场作用范围内的所有电气和电子系统的线路和设备，都会因为切割了磁场的磁力线而感应产生出电涌电

**高层建筑与避雷针**

流，轻则会产生失误动作，重则会造成设备损坏。

（2）雷击发生时雷电流可能击中架空的电力线或通信线，也可能击中这些金属线缆附近而感应出电涌电流。这些电涌电流会沿着金属线缆进入电气和电子系统，造成破坏。

我们把上述通过感应磁场的效应即"场"的作用，以及通过线路雷电流侵入即"路"的作用统称为雷击电磁脉冲，也可以称为二次雷击。这种二次雷击的破坏是在人们看不见的感应磁场中发生的。可见，雷击电磁脉冲的破坏作用虽然是悄然发生的，但是却有更为严重的破坏。防御雷击电磁脉冲的技术可称

为"内部防雷"。正是外部防雷与内部防雷共同组成了系统的综合防雷体系。

另外，雷击发生时建筑物的避雷装置在防止直击雷过程中，强大的雷电流经过引下线和接地体泄入大地。与此同时，可向附近的各种接地导体闪络电弧，电压可高达数万伏以上，会向建筑物内包括机房内各类接地的机器设备和电子设备；自来水管道、暖气管道、煤气管道等各类金属管线；接地的金属门窗甚至人，发生闪络现象，至使设备和人员受到伤害。所以在设计系统综合防雷工程时，对上述问题均要一并予以考虑。

# 人身雷击事故分析

报刊经常有关于雷击人身事故的报道，有的是很引人关注的。如1970年7月27日午后1点，一个闪电击到北京天安门广场，击倒10名游客，2人当场死亡，当年正是十年动乱最严重时期，于是引发了种种迷信传说，报刊有所忌讳，未作详细的现场描述，难以作寻踪分析以找出落雷伤人的规律性的知识。

自有记载以来，单雷击致人死亡的情况最多的是1975年12月23日非洲南部高原的津巴布韦的一次雷灾，在乌姆塔利市郊野外活动的21个农民，为躲雷雨而挤入一座茅棚，闪电击中茅棚，引起大火，草棚化为灰烬，21人全被烧焦。这一惨案之所以如此之惊人，是由于两个原因：首先是野外茅棚高于四周，容易引雷。挤在一起的人群，同时都会受到雷电流的作用而麻木

雷击灾难现场

失去知觉，本来这么多的人分担电流，不一定会毙命。大惨案之所以出现，是因为还有第二个原因，即茅草易燃，就是大火燃烧使全体失去知觉的农民丧生。所以这一事例很值得注意。

我国发生过比这大得多的人身雷击事件，但灾害却轻得多。据1994年4月11日新华社讯，4月11日上午10时40分左右，位于大别山腹地的河南省商城县长竹园乡的黄柏山小学上空突降大雨（一个多月气温偏高，从未下雨），闪电击穿房顶，8间教室房顶上瓦被击碎，教室内共有125名师生被雷所伤，其中有8人重伤，3名教师和22名学生当场被击伤休克，所幸无人丧生。从地势、气象和落雷击碎瓦的面积看，这种雷有可能是如前面所说的巨型雷，能量较大，由于乡村小学没有什么金属物，雷电流入大地的通道分散，所以被击的人数虽多，但各人身体通过的电流均不至于造成心脏停搏，不至于丧生。这所学校用的是砖瓦结构，而不是茅草屋顶，不致起火。

1994年湖北省也发生过一次超过津巴布韦的雷击事件。7月9日下午4时左右南漳县双坪乡石家坪村突降暴雨，正在这里参加小农闲开发的两千多农民工分别躲进民房和工棚内避雨，其中有66名挤入工地指挥部工棚，闪电袭击这一工棚，工棚被掀翻，有1人被抛出7米多远，5人被抛到了3米以外的荆棘中，其中重伤14人，轻伤52人，被抢救后，无人死亡。这则报道，记者没有描述工棚的状况，中雷者的状况难以分析。但是有两点可以肯定：它没有引起火灾，这是大幸，显然这不是一种"热雷"；工棚不是易燃物，也没有易燃易爆物放在棚内。第二点是此雷产生了较猛烈的气流冲击，雷的能量相当大，以至于可以把这么多人抛移相当远的距离，

**被雷击倒的树木**

使66人同时受伤。

这样巨大能量的雷，在同一年的暑期还在另一地方出现过。那是1994年6月18日下午3点多钟，在吉林省罗通山脚下柳河县圣水镇小白蒿沟村发生的，15户农民受灾，死1人，重伤2人，轻伤5人。这个巨雷是在一阵冰雹之后发生的，这是一种"热雷"，它先击中村民老林房前40米处的一棵20米高的杨树，劈断烧成焦炭，在树旁击出一个1米深的大坑，由此可以看出这一闪电产生的冲击波的能量相当大，可以与湖北省石家坪村的雷击相比。据同年7月7日《中国气象报》的采访中，闪电电流强度相当大，烧裂地面出现两条深沟裂缝，1条长达40多米，到达老林家，烧死其儿媳1人，把他炕上的儿子烧成重伤，把室外的两个孙子烧成轻伤，来串门的邻居及怀中的孩子烧成轻伤；另1条闪电到达其邻居老陈家猪圈，一头大母猪被击毙，仓库物资全部烧焦。

这种烧裂地面出现深沟裂纹的现象，在国外也曾见到过，作者摄制的电教片《雷电及其防护》中有

原野孤树最容易遭受雷击

一个镜头，就是现场拍下的照片，其尺度与吉林省小白蒿沟村的情况相近。

从这几个实例，可以得出一个结论：这种特别大的巨雷是并不罕见的，在高原、山地似乎出现的概率更大些，这种地区不易被诸报刊报道，通常防雷规范里的公式、数据是没有计算这种特殊情况的。不过人们头脑中应该有所防备，譬如在野外避雨时就要有所留意，双脚不能分开，这种巨雷产生的跨步电压就不同寻常，要考虑避雨处的火灾问题等。

下面介绍大树引雷造成的人身雷击事故。

1994年7月24日下午3点，云南省师宗县瓦葵村下雷雨时，3

个挖秧田的村民跑到一棵大树下躲雨，闪电袭击大树，2人当场死亡，1人重伤。同年同月25日下午2点，乌云密布，普兰店市沙包镇奎兴村的村民4人正坐在大树下打扑克，突然响雷，4人当即昏迷，后来3人苏醒，1人死亡。

在大树下避雨遭雷击的事例非常多，即使不在树下，只是骑自行车经过，也有受到雷击的。1960年在荷兰，一名士兵骑车经过树旁，只看到一道火光从树向他射过来，自行车把带了电，他感到像挨了一拳狠击，失去知觉15分钟后就苏醒了，皮肤完好无损。1961年在美国，一个10岁男孩骑车经过树下，人们发现他靠在树上，失去了知觉，头上有一块地方被烧伤，左脚后跟起了一个泡，经抢救，脱离危险。

总结上述情况，都是一种旁侧闪络所致，因为雷击电流通过树时，树干各处电压骤然升高，人站在地上，与大地等电位，所以树干对人身产生电弧放电，电流经过人体的部位不同，产生的伤害就不同，流经心脏的，大都必死，否则就不一定致命。十岁男孩显然是闪电流经

金属棚屋也很容易遭受雷击

过心脏的，电流从头顶进入，从脚流出，为何能救活呢？就因为他骑车而过，离树较远，而身子又较矮，这样飞弧的距离较长，电压大部发生在电弧区域，男孩头与脚间的电压就小多了，而闪电电流持续时间很短，闪电的能量较小，不足以使心脏停搏。至于那个士兵，则闪电主要从自行车入地了，只是部分电流从车把流入人体，接触面积大，不足以灼伤皮肤。

旁侧闪络击人，不一定来自大树，在帐篷或金属棚下都可能发生。1944年Paterson和Turner报道，有

两个士兵在钟形帐篷里躲雨，闪电击中帐篷，一个士兵立刻死了，左肩、臀部和大腿部均有烧伤，另一个仅失去知觉几分钟，不需急救，他只是左大腿有一处烧伤。显然柱顶是闪电入击之点，柱身就是闪电通道，这与大树相似，旁侧闪络从士兵的腿部进入，不经过心脏，就安然无事，所以在帐篷或工棚中避雨，要远离支柱是很重要的。如1973年Hanson和Mellwraith介绍过一个事例：有7个儿童在帐篷里避雨时，闪电击中帐篷的柱子，2个儿童死亡，左脸和脚趾均有烧痕，而另5个安然无恙，无任何受伤处。

在金属顶棚下避雨特别危险，即使闪电没有击它，也会出现旁侧闪络。1965年Rees介绍了一个事例：有一家的男主人站在一块锌板下避雨，脚穿一双底下有平头钉的鞋，踩在潮湿的地上，不远处的落叶松遭雷击，并烧着了树旁的干草堆，他的后背和右腿也有大面积的烧伤，上衣、衬衫和左脚上的鞋都烧坏了。他的儿子和儿媳在近处另一块锌板下避雨，儿媳的脖子还碰到了锌板，闪电击中松树时，这两人都感到电击而被抛出2.5米远，儿子曾在很短时间内失去了知觉，但没有受什么伤，儿媳觉得脖子后面好像挨了一下打，右肩和后颈都有表皮烧伤，臀部有电流流过的烧痕。这其实是一种感应雷的旁侧闪络，当闪电先导接近松树时，锌板感应出电荷，松树发生回击时，这些感应电荷发生的静电高压就通过人体对大地放电了。

再举一个感应雷击人的例子，对我国城镇居民很有参考价值。1992年6月21日下午5点半，北京突然出现雷雨，正在街上玩耍的10岁小姑娘妮妮浑身被雨淋湿，急忙往家跑，当她推自家铁门时，一下子昏倒在地，家人及时为她做人工呼吸，紧接着，急救车把她送到

雷电击落的民居墙头砖

医院。医生检查，妮妮心跳每分钟仅30次，手腕部、大腿内侧有明显电击烧痕，由于心跳慢和呼吸严重阻碍造成脑缺氧，引起脑水肿，经全力抢救，6小时后她终于清醒了。现在城镇居民楼流行装防盗铁门，雷雨时期，这种门就会因静电感应而带上电，一旦附近有落地雷发生，触门者就因接触电压而受雷击。所以雷灾常会随着建筑情况和科技的发展而出现新情况，这必须引起人们的注意。

下面只举三件报载的事例。

1994年8月9日晚，辽宁省新民市周坨子乡王甸子村村民冯某等4名妇女围在屋内炕上看电视，9点左右，外面正下着雷雨，忽见电视机内冒烟，声像消失，4人也同时失去知觉，1人倒在炕上，其他3人被抛到地上。约10分钟后，4人相继苏醒，都说不清10分钟前发生的事，冯某感到脖子有轻微灼痛感，大家定睛一看，发现她脖颈上留下一道清晰的项链痕迹，项链本身尚未损坏。显然这是闪电的脉冲电磁场在金属闭合圈中产生感应电流的热效应所致，估计这还不是闪电直

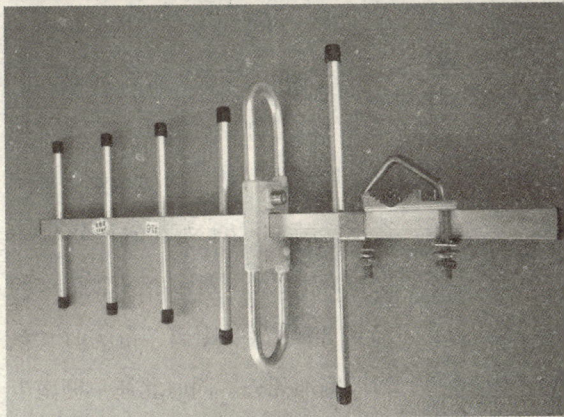

**室外天线也是雷击的好目标**

接击中电视室外天线，而是感应的二次雷从天线馈线进入室内，所以4人的伤势不重，否则冯某脖子上的项链也就熔化了。现在城乡电视天线密布，常有发生电视机被雷击毁之事，人身事故也就难免。在广州等地，感应过电压波沿电话线入室的颇多，手握电话机而死者略有耳闻。这是富兰克林避雷针不能保护现代城镇居民在室内安全的重要原因。

下面再介绍两件雷击死人的事例。

1967年6月24日北京和平里南大街百林寺一个民房院内（见图5.14），一棵高约15米的大树被雷击，雷电流闪络到距树干1米的晒衣铁丝上，该铁丝钉于院内前后房的墙

上，其钉的墙另一侧室内又钉有一小段挂手巾的铁丝，长约50厘米，墙内外的两钉并不相通，墙为24厘米的厚砖墙。挂手巾的铁丝上挂了个钢盒尺，下方恰好坐着一个11岁女孩，钢尺下端距女孩头顶尚有约20～30厘米的距离，雷响时女孩当即倒地死去。同时北屋顶棚南半部正中明配电灯线的上部崩坏2米长一段墙皮，墙内栓苇箔的铁丝熔化，南屋靠西墙的顶棚也崩坏2米长一段墙皮，墙内栓苇箔的铁丝也熔化，这类栓苇箔的铁丝都是20号的，足见雷电流的瞬变电磁场产生的电磁感应电流的能量之大。

1957年6月23日北京海淀区温泉乡白瞳村一民房的收音机天线遭雷击，一妇女毙命。该天线栓于西房后和北房后的两棵18～20米高的大树顶部，横过院内，引到东房室内收音机上，地线埋于室外，院内东西房之间距地1.6米处，栓有一根晒衣铁丝，此铁丝与天线有一段距离，互不相通，铁丝下当时正有一位妇女在洗衣服。当日刚下雨就有闪电击中天线，天线当即熔断，雷电流已窜到室内击碎收音机，并有闪电流分窜，把东屋西立面南

水面的户外活动最容易遭受雷击

窗上的过梁击裂，东西屋钉晒衣铁丝的顶梁木柱均被击裂，雷电流还沿东屋顶梁柱入地，把柱旁的水缸击穿一个洞，水漏了满地。闪电电流在此处还分窜到钉在梁上的晒衣铁丝，经铁丝下的洗衣妇女放电入地，击毙了这名妇女。

现在我们来分析这两个事例。首先可以看到大树引雷是比较普遍的现象，不仅大树下避雨有危险，而且增加高树旁的建筑物落雷的概率，特别是农村不高的平房、楼房，其次应注意到闪电的路径总是选取低电阻的通道，因此空中乱拉金属线常是雷击的一个重要祸首。闪电的电压高，它可以隔开一段距离闪络到金属线上，从而使导线附近的人成为雷击受害者。对于现代楼房，自来水管、暖气管和煤气管道也同样会成为闪电分窜的通道。

这一情况对于雷雨时人们在室内外的活动，要特别留意。例如，1956年Arden曾描述了发生在跑马场的雷击事故，闪电击在跑马场的围栏上，许多倚栏的观众都摔倒在地，想移动两腿可就是站不起来，51人被送进医院，其中20人需住院，

所有人都诉说腿痛。不过这类受雷击，包括跨步电压击倒的人，大都无生命之忧，因为闪电是经过下部，不经过心脏。即使如此，也不可大意，因为遇到多雷时节，因跨步电压而倒地不起之后，再有落地雷，则此时跨步电压产生的电流就会流经心脏了。所以在有可能遇到跨步电压的地方，要注意双脚的站法和选择地面的情况。

有书中曾提到法国教堂的一次雷击事故，只说到站在潮湿地面的做礼拜的信徒被跨步电压击倒在地的情况。当时还有一批信徒却安然无恙，他们是站在干的橡木地板上唱诗班席上，闪电没有流经这块高电阻的地区，因此也就没有跨步电压了。

从大量人身遭雷击事故的统计中，还可以看到落雷地点的规律性，据轻工业部1966年向国家经委和劳动部提出的报告记载：1951～1964年我国各处盐场共有176次雷击事故，死亡39人，伤34人。

美国在1950～1969年调查统计了全国48个州的雷击人身事故，户外娱乐活动者被雷击死494人，

伤941人。其中，在水中游泳、划船或在岸边钓鱼等情况的死伤人数所占比例最高，远远超过其他地方，死亡200人，伤177人。

从这些情况可看出落雷点集中于地面电阻最低的区域。理由很清楚，这里地面对雷雨云感应的电荷多，自然地面的电场强度比其他地方高，闪电的下行先导容易趋向这里，从而吸引落地雷的概率较大。而且这种场所，人常常是地面上较高的突出物，成为尖端放电的对象，吸引闪电先导，因此人身雷击事故特别多。

你知道吗

## "惹怒雷公"的村庄

在江西省南昌市招贤镇，有个神秘的小山村，那里连年遭到雷击，是个出了名的雷灾村，因此得名叫"雷公坛村"。

雷公坛村至今已经有300年的历史，因多雷而得名。该村位于梅岭山区腹地，田地肥沃，景致宜人，但优越的条件却留不住村民们在此安居乐业。

雷公坛村屡遭雷电袭击，房屋被毁，人畜受伤甚至丧命，村民不堪雷击之苦，纷纷迁离他乡。原先180人的村庄，后来仅剩8人。村民认为这里"风水"不好，是个多灾多难之地。有的村民说，这是天上的"雷公"、"电母"发怒，让村民屡屡遭殃；还有的认为，是"神灵"对人的惩罚。为保佑村民平安，早年村里还特意盖了一座庙，但是听村里的老人讲，100多年前，这座庙被一场雷灾所毁。

# 我国部分雷击事例

雷击灾害简况 1232 年据《金史·五行志》记载，"天兴元年九月辛丑（1232 年 10 月 9 日），大雷，工部尚书蒲乃速震死"，这是中国历史上记载的最早雷击致人死亡的事例，而且死的是一位"部长级"高官。

孔庙也曾经遭受雷击而引发火灾

明弘治十二年（1500 年）六月十六日夜子时，雷击孔庙启圣家祖，延烧正殿，伯鱼庙、子思庙、大成门、大成殿、启圣殿、东西两庑以及洪武、永乐御制碑文并楼等共 123 间。

1724 年清雍正二年（公元 1724 年）六月初九日申时，雷落孔庙大成殿，火势猛烈，正殿焚毁，延烧寝殿、东西两庑、大成门、启圣王殿、金丝堂以及圣祖皇帝御碑东西两亭等。

1874 年 9 月 22 日，澳门风雨大作，雷电交加，澳门最古老的天主教堂遭受雷击起火，继而殃及附近的楼寓民宅，死者近 1000 人。为了纪念这场灾难，澳门将每年的 9 月 22 日定为"天灾节"，每到这一天，都要组织防灾防火检查并进行宣传。

1964 年 9 月 10 日，河北省承德市外八庙的普佑寺因雷击全部烧毁，只剩一堆废墟。

1976 年 3 月 31 日某炼油厂 318 号 1.5 万立方米半地下混凝土原油罐雷击爆炸着火，油罐无法修复，直接经济损失 26 万元。

1979 年 1 月 6 日，我国东北地区的四平、长春、吉林出现罕见的冬雷，造成牡丹江市、林海县输电线路跳闸事故，仅牡丹江电业局就少送电约 2000 万千瓦时。3 月 30 日，南京炼油厂 318 号储油罐直接遭雷击，罐顶被击穿，烧毁原油 860 吨，损失 26 万余元。

1983 年 9 月 10 日，上海嘉定桃浦二库发生因球状闪电雷击引起的一次大火，把正待出口美国等地的大量麻袋、山芋干等物品烧毁，损失 250 万元。10 日凌晨，乌云滚滚，电光闪闪、雷声隆隆，风狂雨猛。3 时 15 分时，一道蓝色的闪光划破长空，霹雳声中，一个直径约 20 厘米以上的火球从闪电中滚下，正好击中嘉定桃浦二库东面 6 条堆垛的中间。火球在堆垛间隙中滚动，不久就见到燃起熊熊大火。火后保险公司赔款达 750 万元。

1985 年 7 月 26 日上海造纸工

遭雷击损坏的工厂

业公司北蔡仓库因雷击引起大火灾，殃及23个堆垛，使5600余吨各种造纸原料受灾，直接经济损失高达74万元。当晚7时15分左右，一个落地雷正好打在该仓库上，这些造纸原料都是旧棉絮、废纸、纸浆等可燃物品，燃点最高的也不过200℃左右，用来捆扎这些原料的都是铁丝或铁皮，雷击会感应起很大的电流而又无法导出。结头处因电阻较大会产生电火花，铁丝铁皮上也会因大电流通过产生高温，使燃点不高的原料起火。

1986年7月8日，河北省张北县油篓乡八一毛皮厂成品仓库发生一起特大火灾，烧毁房屋214平方米，皮衣类5773件，皮帽24210件，各种皮夹克652件，皮革39270.6平方米，直接经济损失978938元。经消防部门现场勘查结果确认，这次火灾就是感应雷击引起的。那天夜里，张北县遭到雷电袭击。雷雨时，产生增大的交变磁场，在磁场内的钢屋架（有的闭合，无接地）产生感应电流，电火花引燃皮革制品，导致火灾发生。

1987年5月31日，湖北武当山金顶遭雷击起火，6名道人受重伤。

1987年8月24日23时，北京故宫景阳宫因雷击起火，31辆消防车赶到现场，到25日4时大火被扑灭，烧毁屋顶80多平方米。1989年8月12日9时55分，山东省黄岛油库5号罐雷击起火，之后引爆了4号、1号、2号、3号罐，黄岛

焕然一新的黄岛油库

油库雷击事故造成 19 人死亡、78 人受伤，大火共燃烧 104 个小时，烧掉原油 3.6 万吨，烧毁油库（罐）5 座，直接经济损失 3540 万元，间接经济损失 8500 万元。

1990 年 9 月 20 日，广东电网珠江三角洲地区遭雷暴袭击，220 千伏输电线路受雷击，导致 11 个 220 千伏变压器停止工作，损失负荷 80 万千瓦，占当时全省负荷的 1/4，造成广州、佛山、肇庆、韶关等市大面积停电。

1991 年 8 月 15 日凌晨，北京焦化厂供电系统遭雷击，设备损失严重，停产多日，煤气供应减少 50 万立方米，东郊工业区和使馆区煤气中断。

1993 年 5 ~ 7 月间，广西罗城矿区频遭雷击，损失严重。因雷击造成供电中断多达 26 次，直接损失和间接损失多达 50 多万元，浮石 110 千伏供电线路因雷电击毁线路钢化玻璃瓷瓶停电 3 次，累计中断供电 21 天；四把矿 6 千伏供电设备被雷击 6 次；桥一矿和桥二矿都被雷电击毁 6 千伏供电电缆各 1 根；打花矿被雷击中 35 千伏设备后，中

**被雷电击损的居民房屋**

断供电 3 个多小时，矿井受到被淹没的威胁，造成连续一个多月生产处于被动的局面。6 月 18 日雷雨交加，电话中断，对讲机的差转台被雷电击毁，矿务局无法与各矿联络，造成大量物资消耗和停产损失。该矿 1992~1993 年间雷击损失达 600 多万元。

1995 年 5 月 29 日，辽宁省岫岩满族自治县发生一起球状闪电击死 3 名村民的事件。当天早晨 6 时许，该县石灰窑乡石灰窑村村民陈梁全家 4 口正在自家草屋内睡觉，外面下着雷雨，忽然一个球状闪电进入室内，接着发生爆炸并燃起大火。陈梁双手被烧掉了皮，疼痛难忍，他立即叫来邻居救人。可是，他的妻子和 9 岁男孩、4 岁女孩已经被

球雷击死烧焦。

8月5日14时15分，一场雷击造成了台湾省北部20多年来的最大停电事故。雷击使北部5个电厂12部火力发电机组和核电一、二厂的各一个发电机组受到不同程度的损坏，造成桃园以北300万户居民和单位用电受到严重影响。这次意外停电事故给电业部门造成的损失仅停电补偿费就在1000万新台币以上。

1996年7月25日14时03分，河南省濮阳市变电站遭球形雷电击中，造成26只变电柜爆炸，其中21只被炸毁，直接经济损失70多万元，因多日停电，给工农业生产带来的损失巨大。

2002年7月底，因雷击引发兴安岭北部原始林区数天接连出现8处火点，其中4处火势较大，4500多名警民奋力扑救。雷击火是林业的最主要灾害之一，若按雷电均匀分布估算，世界上410万公顷森林，每天遭受50万次雷击，每年平均火灾达5万次。我国大兴安岭林火灾24%以上由雷击引起，其中29%酿成大火或特大火灾。

2003年8月2日中午一场突如其来的强烈雷阵雨，上海市区的4条10千伏高压电线遭遇雷击，4条线路烧断，分别导致交通路、黄陂路、新嘉路、北苏州河路周边区域数千户居民断电。

2004年6月26日13时50分至14时之间，浙江省临海市杜桥镇发生特大雷击事故，造成17人死亡，13人受伤。2005年4月21日，重庆东溪化工有限公司发生特大雷击爆炸事故，19人下落不明，9人受伤。2006年8月1日20时，广州市大沙头码头一群游人遭雷击，致一死一伤。死者当时站立在离珠江不到10米，恰好位于一棵树冠很大的绿化树下，事故发生后，此处地面还

被雷电击坏的主变压器

有一块10厘米见方的焦痕及9个大大小小的坑。

2004年8月17日7时，浙江省平阳县钱仓镇山垟村突然雷电大作，上空下起雷阵雨，4名河南籍外来务工人员和山垟村1名村民前往该村一座亭内避雨，亭内5人遭到雷击。其中4人死亡，1名受伤。

2007年4月1日晚上7时，忠垫高速公路K 128+680段工地发生惨剧，公路工地工棚内正在吃饭的10名工人遭遇雷击，5死5伤。据其中一位幸存者赵飞回忆，当时10名工人挤在工棚内吃饭，外面大雨如注，电闪雷鸣。突然"咔嚓"一声天崩地裂般巨响。赵飞感觉眼前一黑，再也没了知觉。大约几分钟后，他醒了过来，觉得视线模糊，耳朵嗡嗡乱叫，什么也听不见，全身是血。他发现身边工友口鼻流血，或靠或躺，有的浑身赤裸，有的仅剩一条内裤。工棚内一片狼藉，衣物的碎片满地都是，玻璃瓦顶不知去向，只剩下一根根铁架，手臂粗的钢管扭曲变形，大雨浇在钢管上青烟嗤嗤直冒。

5月23日，重庆大部、四川东部、陕西南部、湖北西南部出现了雷暴天气，因雷击死亡9人，其中重庆开县兴业村小学，由于该校教室为

残破的兴业村小学

砖石墙体的四合院平房，教室楼顶没有安装避雷设施，因此雷暴发生时，正在上课的兴业村小学四年级、六年级两个教学班95名学生遭到雷击，造成学生7人死亡，43人受伤。此次事件被称为1949年以来最为严重的一次学生遭雷击事件。

6月25日下午，上三高速公路上虞段雷雨交加，一辆苏州至温岭的大客车突遭雷击，车载电视爆炸，导致大客车起火，所幸20余名乘客无一伤亡。

7月9日下午，台湾地区台北缆车被雷电击中，被迫停驶5小时，直至晚7时才恢复运行，所幸没有人员伤亡。

7月17日上午8时许，一阵"轰隆隆"的雷电掠过重庆江北机场上空时，在机场跑道上砸出一个雷击坑。17日，进出重庆空港的246个航班受雷雨影响，1.3万旅客的行程受阻，最长延误近7个小时。

2008年5月27日13时40分，广州暨南大学医学院两名女生赶往教室途中，打着雨伞在学校一条主干道旁的树下行走时被雷击中，两人经过抢救脱离生命危险。

被击碎的墙砖

6月14日7时，广州白云区良田镇光明村一处山坡上，12岁的湖南少女小利在砖瓦房门外走廊遭雷击身亡。经防雷专家鉴定，击中小利的红色火球很可能是"球形雷"，这种雷飘忽不定，会随气流飘动，碰到物体则会爆炸。2009年6月6日上午，广东佛山市顺德区容桂街道高黎社区发生一起雷击事件中，造成4死2伤。6月3日下午不到4时就开始下雨，几名工人还在冒雨干活。雨越下越大，很快就电闪雷鸣，几名工人这才跑进工棚避雨。当时雷声巨大，不久，一声炸雷的巨响之后，在工棚内避雨的8人遭雷击，当场5人倒在地上，1人受轻伤。

8月4日，石家庄市长安区南

石家庄村一村民自建房屋遭雷击坍塌。20人被埋，其中17人死亡，3人受伤。8月4日8时05分，

9月15日傍晚，台湾地区台中县太平市山区下雷雨，晋得钢窗公司一栋5层新建大楼遭雷击，屋角水泥被打落，屋内8成以上电器用品被毁坏。

2010年4月13日凌晨，上海东方明珠电视塔顶端发射天线遭强雷击，引起天线外罩燃烧，所幸未造成设备损坏。

5月4日，河北邢台1家农药公司遭雷击，成品库起火。

6月19日，贵州平塘县通州镇几乎同一时间发生两起雷击事故，同是55岁的两位男性村民，在相距

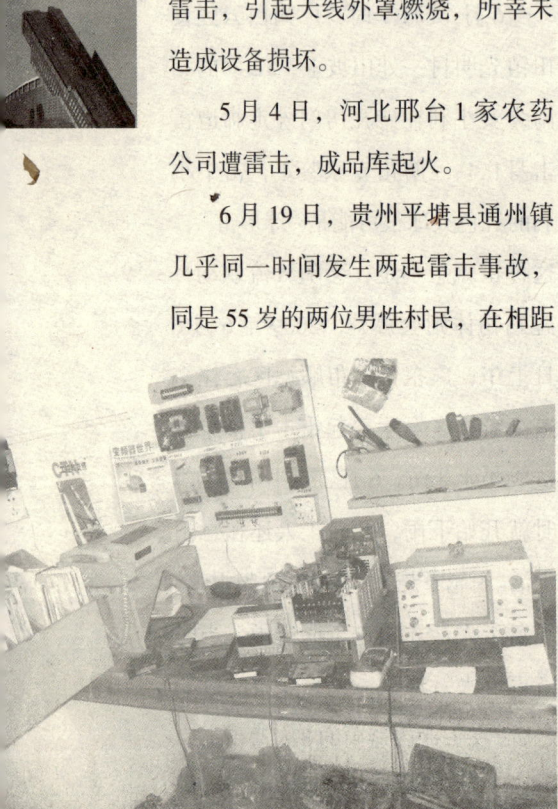

小区被击的电控室

10多千米的水田里干活时被雷电击中身亡。

7月3日晚，京广铁路上行线孝昌县境内的花园至卫店段，供电设施遭雷击，导致该路段中断行车3小时。

7月13日，6名游客在云南石林景区南天门附近遭雷击，2人丧生，4人受伤。

7月20日，江西星子县苏家垱乡抗洪现场，18名抗洪人员被雷电击倒，2人牺牲，16人受伤。

8月23日，广东翁源县江尾镇连溪村，3村民遭雷击身亡。23日和25日，广州番禺一小区连遭雷击，击坏该小区的部分智能火灾自动报警系统，直接经济损失9.06万元，间接经济损失20万元。

2010年2月28日16时，莒南县1名男子在村北回家的路上遭雷击死亡；莱芜市1名女性村民在田间耕种时遭雷击死亡。

2010年6月4日9时，莱芜市1名男村民在山路上行走时遭雷击死亡。

2010年6月22日18时许，东阿县王宗汤村2名村民在农田里干

农活时遭雷击,其中1人当场死亡,另1人受伤;另有十几名村民在王宗汤村外的农田里打沙管井时遭雷击,导致1人当场死亡,另1人受伤;同日18时40分许,东阿县单庄乡大姜村1名村民在农田里干活时被雷电击中,经抢救无效身亡;同日22点30分,1名男子骑摩托车经过308国道济南市天桥区大桥镇路段时遭雷击当场死亡。

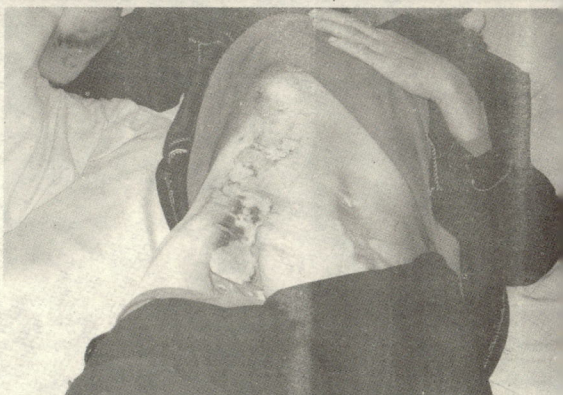
游玩遭受雷击

2011年6月8日12时50分,青岛一公司遭雷击,视频系统、消防报警系统、传感器遭雷击损毁,直接经济损失11万元。

2011年7月1日,潍坊一氯碱厂遭雷击,直接经济损失800万元。

2011年7月2日17时,青岛市市南区香港东路23号海大麦岛校区10#、12#楼遭雷击,直接经济损失约50万元。

2011年8月15日,淄博市淄川区一纺织厂遭雷击,直接经济损失近50万元,间接经济损失近100万元。

2011年8月15日23～24时,德州8个加油站遭雷击,直接经济损失65万元,间接损失600万元。

2011年8月16日2时,聊城市冠县城区出现强雷暴天气,造成城区近千户ADSL网络拨号器损坏,直接经济损失10万元,间接经济损失约20万元。

2011年8月16日19时05分,临沂市北城新区杏坛文化家园19号楼遭雷击,击坏2部电梯,直接经济损失40万元。

2012年5月26日15时至17时,公主岭市秦家屯镇赵家屯村八社遭雷击,造成1人死亡,1人受伤,雷击烧毁3间房屋,共造成直接经济损失5.0万元,间接经济损失10.0万元。

# 国外部分雷击事例

18世纪在欧洲，有人认为敲击教堂的钟可以避雷。结果，在33年中有386座教堂被雷击，有103名敲钟人丧生。

1767年的一次雷电击中了威尼斯一个储放了几百吨炸药的教堂拱顶，引起人爆炸，3000人丧生。1926年6月10日17时许，美国登玛克湖的匹克了尼兵工厂内一座炸药仓库雷击起火爆炸，首先雷电击中炮弹仓库，继而引发了另外两座各储存有800吨TNT的仓库爆炸。造成19人死亡，38人受伤，工厂遭严重破坏，现场留下巨大爆坑和连片焦土。1955年7月在英国皇家跑马场发生了一次雷击事件，当时雷击在围栏上，雷电流沿金属栏杆而流散，许多人摔倒在地，51人被送进医院，其中一名骑士和一名观众身亡。1958年加拿大因雷击造成150次森林火灾，占年森林火灾总数的27%，损失占全部森林火灾损失的77%。1963年12月8日，在美国费城航空港，一架准备着陆的波音717飞机在强湍流中被闪电击中，飞机失去操纵而燃烧爆炸，乘客和机组人员全部遇难。

1969年11月14日，美国肯尼迪航天发射中心第39A发射场上，"土星V-阿波罗12"号大型载人

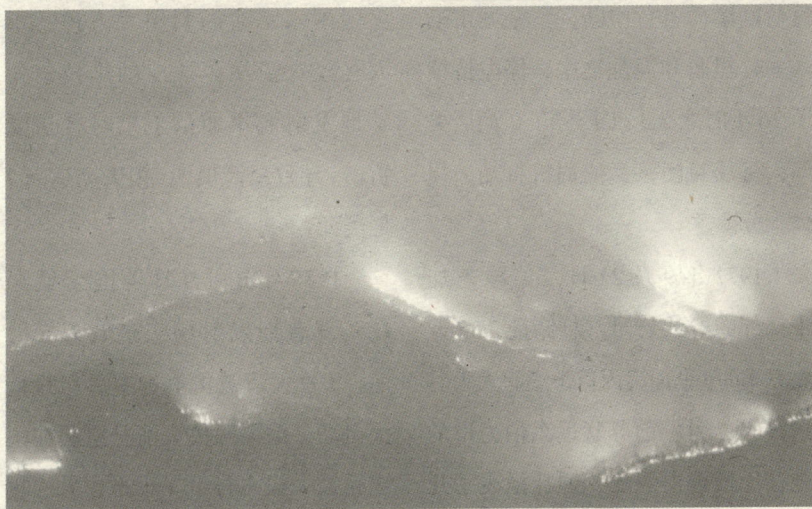

雷击有可能引发森林火灾

飞船整装待发，这次发射是阿波罗计划的第 5 次飞行，也是第 2 次载人登月飞行。

11 时 22 分，阿波罗 12 按预定程序点火起飞后，飞行了 36 秒，到达 1920 米高度时，突然从云层经火箭到地面之间，出现两道平等的蓝色闪电。飞船上的宇航员也看到了闪电，指令长发现：雷击后 3 个燃料电池与母线自动切断，造成了飞行平台失控等一系列不正常状态。他立即向地面指挥中心报告了这一险情。16 秒后，即达到 4300 米高度时，又发生了第二次闪电，并进一步造成了破坏。由于宇航员采取了启用备用电池等应急措施，故障得以迅速排除，飞船转危为安，顺利登月。根据美国宇航局等单位的调查，这次事故是由闪电引起的。1977 年 7 月 13 日晚上 20 时 30 分左右，人口近 1000 万的美国纽约遭到雷电袭击，5 条负荷 345 千伏的电缆全被闪电切断，其他线路也因

阿波罗飞船

**099**

负荷剧增而自行中断，整个城市陷入一片黑暗和混乱之中，停电持续了26小时之久，工厂停工，商店关门，机场封闭，歹徒伺机打劫，损失十分惨重。

1977年9月24日，美国芝加哥郊外的石油公司，总储量7.35万立方米的3个油罐因雷击燃起大火。1979年7月，前苏联远东伯力市的弹药库遭雷击爆炸，弹片横飞了几个小时之久，死亡人数达340人。1981年6月，日本"马特"导弹在发射后进入云层，正巧遇到落地雷，导弹落地坠毁。5名操作人员也遭雷击毙命。1982年7月9日，美国泛美航空公司的一架B727-235客机，在新奥尔良国际机场起飞遭遇强雷雨和低空风切变，爬高到46米就坠毁，造成了机上145人、地面8人丧生。1984年6月上旬，日本反坦克部队在进行反坦克导弹的实弹射击时，发生了一起罕见的导弹遭雷击的事故，导弹落地坠毁，5名操作手因遭雷击而被烧伤。1986年8月11日，美国西部牧区和森林，因雷击发生370多起火灾，烧毁了7万多公顷牧场。1987年3月26日，

美国国家宇航局利用大力神/半人马座火箭从美国卡纳维拉尔角基地发射海军通信卫星时曾遭受雷击，导致星箭俱毁，损失高达1.7亿美元。

1987年6月9日美国宇航局在瓦罗普斯发射场实施航天发射前，3枚火箭被雷电击中后自行点火启动，结果两枚火箭升空后在预定轨道上仅飞行了4千米，另一枚飞出100米左右坠入大西洋，导致发射彻底失败。

1987年7月1日19时52分，日本北海道千岁市航空自卫队基地内一座容量3261立方米地下油罐突然爆炸燃烧。着火当时是雷雨天气，风向东南，风速2米/秒，气温16℃，湿度95%。消防队员到达现场时，油罐已全面起火，冒着火焰和黑烟。由于不断地发生爆炸燃烧，其辐射热很强，致使消防队员难以开展灭火活动。过了3小时后才开始喷射泡沫灭火，于23时12分将火熄灭。这次火灾共出动消防车27辆，消防队员206名。无人员伤亡，油罐烧毁。1988年6月14日，美国中西部的黄石公园因雷击起火

黄石公园

并蔓延扩展，共烧毁森林420万公顷，救火费用花费了3.5亿美元。

1988年9月9日11时30分，载有81人的越南民航客机，在泰国廊曼机场附近被雷击毁，造成73人死亡，2人失踪，只有6人生还的恶性事件。1992年12月21日，荷兰一架客机在葡萄牙的法鲁机场降落时，因遇雷击起火坠落并发生爆炸，至少有52人死亡，250多人受伤。1993年8月8日，南斯拉夫贝尔格莱德以西80千米的一村庄正在举行足球赛，雷电击中在场22名队员，其中1名队员身亡。1994年7月26日晚，德国南部的巴特好森里德市

体育场遭受雷击，当时一支俱乐部足球队还在冒雨训练，一名24岁的队员被雷电击中，伤势严重，另有6名队员遭雷击受伤。

1994年11月一次风暴中，闪电击穿了埃及南部某镇的一个军用燃料库，燃烧的油料流进城镇，造成至少430人死亡。

1994年12月1日，印尼苏门答腊楠榜省一个甘蔗园中的一间棚房遭雷击，屋中避雨的24名工人，有5人当场死亡，另有8人受伤。

1995年6月3日，洪都拉斯首都特古西加尔巴市西郊一个村镇伦皮拉港遭雷击起火，当时正在一起

观看比赛的观众有 22 人受伤，有 16 人遭雷击死亡。

1996 年 2 月 6 日，一架满载游客的波音 757 客机在多米尼加北部加勒比海域因雷击失事，飞机坠入大海，机上 176 名德国乘客和 13 名机组人员无一生还。

1997 年 10 月，刚果民主共和国国内的一场比赛中，一道闪电击中了一名球员身上的螺丝钉，闪电杀死了在场上的 11 名球员，场边也有 30 多人受伤。

2001 年 7 月 14 日，位于布基纳法索首都瓦加杜古以西 150 千米的伯尼一小型体育场突遭雷击，结果造成 11 名观众死亡，5 人受重伤。当时，场上两支球队正在进行比赛。

被雷击损坏的电器

突然。一场暴雨从天而降，同时雷电大作，一些观众慌不择路，聚拢到一棵大树下面躲雨。顷刻间，一道闪电劈过，酿成了一场人间惨剧。

2004 年 3 月 9 日下午，在新加坡新故俱乐部踢球的中国吉林籍球员不幸遭雷击身亡。

2005 年 10 月 23 日（当地时间 22 日晚）尼日利亚贝尔韦尤航空公司一架 B737-200 型客机从拉各斯起飞飞往首都阿布贾时，飞机刚起飞 3 分钟后就空中爆炸坠毁，飞机上 110 名乘客和 6 名机组人员全部遇难，其中包括数名政府高级官员。据尼日利亚官方报道和当地村民目击者说，飞机是在一个非常强的雷暴天气状况下起飞的，飞机起飞后 3 分钟就在空中爆炸，随即坠毁。造成了航空飞行史上的又一大惨剧。

2006 年 7 月 9 日 17 时 45 分左右，韩国亚洲航空公司一架载有 200 多名乘客的空中客车 321 民航班机在离地面 300 米的空中突然遭到雷击，装有雷达的机头被打落，驾驶舱的玻璃也出现裂缝，伴随雷电而来的冰雹还打破了发动机的部分外壳。事故发生后，飞机开始大幅度摇摆，机长向机场管制塔发出紧急着陆的请求，第一次尝试着陆失败后，再次拉升飞机，并在18时14分左右，成功迫降。机上除一些乘客出现呕吐外，无人受伤。据机长事后介绍，当时视线完全不清，他们只能人工实施降落。

8月25日下午美国肯尼迪航天中心上空突发雷电，发射台顶部雷电保护装置上附着的一根金属线被击中。技术人员需要进行详细检查，原定于8月27日下午4时30分升空的"阿特兰蒂斯"号航天飞机的发射时间推迟24小时。

2007年也门西北部省份哈杰7月以后发生多起雷击事件，共造成22人死亡，10人受伤。雷击事件不仅造成人员伤亡，还导致了严重的财产损失。其中，哈杰省会城市电信局主发射塔严重受损，另有两所民房起火。

8月10日，也门国家田径队一名运动员在也门南部扎马尔省拉赫迈地区遭遇雷击丧生。此外，也门西部荷台达省和北部萨达省9日有4人在雷击事故中死亡，其中包括一名军官。

2008年8月10日傍晚，也门南部扎马尔省拉赫迈地区一名25岁

雷击造成的象群死亡

的保安在巡逻时被雷电击中死亡。

8月2日，挪威举行的一场全国赛车比赛遭遇雷电袭击，闪电击中比赛现场旁边小山上的观众席。91名观众被雷击中，其中45人被送往医院治疗，但伤势均不严重。

8月3日晚，比利时沙特莱一个汽车回收站被雷电击中，引发大火。

2009年5月2日傍晚，德国巴登符腾堡州小城因格尔丁根一座用于青少年联赛比赛的球场遭遇雷击，26名在球场上做赛前准备活动的小球员和部分观众在事故中受伤，其中1人生命垂危。

5月12日，也门西部拉伊麦省发生一起严重雷击事件，致5人死亡11人受伤。

格林尼治时间5月31日22时（北京时间6月1日5时），一客机从巴西里约热内卢起飞后不久便进入暴风雨区，与地面空中交管部门失去联系，后证实失事，机上228人遭遇不幸。有专家分析认为，是雷击使客机仪器失灵。

7月14日晚，一道雷电击中奥地利施蒂里亚州莱奥本一座正在举行比赛的足球场，25名球员和观赛者都受伤入院。幸运的是，没有人受到直接雷击，所以伤势并未致命。

2010年8月16日，哥伦比亚一架载有131人的波音737-700型客机在圣安德烈斯岛一处机场降落

遭遇雷击紧急迫降的飞机

**失事飞机的现场救援**

时遭雷电击中，坠毁断为三截，事故造成1人死亡，100多人受伤。

近一年，孟加拉国100多人遭雷电袭击死亡，死亡人数占全球因雷电袭击致死总人数的1/4。

2011年美国联合航空公司一架客机飞行途中遭遇闪电，被迫就近急降。

# 雷电的预警和预报

雷电灾害是一种自然灾害，它是由强对流性天气造成的，因为雷电形成较为迅速，所以无法做出提前预报。在雷电短时预报方面，国内外都做了大量研究和业务工作，

夜空中的雷电

主要利用中尺度观测系统、雷达、卫星和雷电定位系统等获得的观测资料以及数值预报模式的产品，开展了雷电天气的临近预报技术开发和业务运行，例如美国目前可以给出3小时后的雷电发生概率产品。但雷电的预警预报由于受对雷电本身物理过程认识不足等原因，到目前为止还没有十分成熟的业务系统。

多年以来，国内外的研究和业务人员在利用雷达和卫星等探测资料进行雷电临近预报方面做了大量深入的研究工作。例如美国空军第45天气中队给出了以雷达为工具的雷电临近预报经验规则，特别是选用了云顶高度参数作为预报因子，并在1996年亚特兰大奥运会的气象保障预警业务中得到应用，虽然在这一方面得到了发展，但是因为很多认识只是处于初级阶段，目前还要进一步深化对机理的认识，所以需要科学工作者的进一步努力和研究。我国雷电预警预报技术和方法的研发刚刚起步，目前还没有成熟的可供预报服务实际使用的业务产品，因此，我国在雷电预警预报方面的工作相当薄弱，目前基本没有开展有针对性的雷电预警预报业务。中国气象科学研究院近期开展了雷电预警预报技术和方法研究，并开发了雷电临近预警系统软件。

临近预报是指 0 ~ 2 小时的天气预报，实时观测资料是主要的决策依据，如雷达、卫星、闪电定位仪、大气平均电场仪等。以雷达为工具的雷电临近预报经验规则，如最大回波强度及其出现高度、强回波体积、顶高等参数，对单体雷暴、砧状云、碎云等的云闪、地闪的预报。因为不同地区有不同的风暴活动特征，所以，在我国的雷电临近预报中如何有效地利用各种观测资料还需要研究者做大量的工作。

地面电场仪可以测量晴天和雷暴天气条件下地面大气平均电场的大小和极性的连续变化，能够灵敏地响应近距离雷暴活动发生发展的过程，在雷电临近预警中非常有用。因为单点的地面大气电场是空中所有电荷在该点产生的电场的矢量和，所以只利用单点地面大气电场的测量结果不能准确反映雷暴云中的雷电活动状况，需要地面大气电场仪的组网观测，并通过其他观测大致确定雷暴云的空间位置。到目前为止，如何充分有效地利用地面电场仪组网观测资料进行雷电临近预警仍然是一个难以解决的问题，还需要大量的实验研究工作。

对于地面电场观测数据，目前

国家气象观测站

主要采用了两个预警指标进行雷电临近预警：电场瞬间变化量和电场平均变化趋势。每秒一次的采样率是可以在一定程度上反映闪电放电引起的电场变化的，因为闪电发生后，地面电场恢复到闪电前的状态需要一定的时间，所以根据我们观测到的电场瞬间变化（相邻2秒地面电场值之差）能够大体上判断出在近距离是否发生了闪电。对于电场平均变化趋势（如采用1米的平均值）来说，不适于在近距离有闪电发生时使用，因为近距离有闪电发生时（特别是闪电频繁发生时），

很可能闪电发生之后地面电场还未得到完全恢复就又有一次闪电发生了，这样每分钟平均值的变化会是杂乱无章的。但是在闪电还未发生前、最后一次闪电发生后或者闪电发生频率较低时（可舍弃闪电发生之后一段时间的数据不参与平均值的计算，若闪电发生频率较高，可能会造成根本没有数据适于计算平均值），还是可以利用电场平均值的变化趋势作为预警指标的，特别是雷暴发展初期，云中电荷处于积累阶段，通过对地面大气电场平均值的变化趋势的预测，可以对闪电

野外的气象观测点

的发生进行有效地预警。

　　需要注意的是：利用单站的电场观测难以估计雷暴云的位置，其预警区域和提前预警时间是非常有限的，并且存在一些不确定性；另外，由于地面大气电场测量受安装环境的影响较大，尤其是在城市地区，很难找到理想的安装条件。因此，不同站点采用的平均电场预警指标是不一样的，需要进行场地校正或根据长期观测寻找经验判据。

　　对于过境的雷暴，由于电场仪的有效响应范围有限，能够提前预警的时间受很大限制（当然，组网观测在一定程度上能够增加雷暴路径上电场仪的提前预警时间），最好结合其他观测，如雷达、卫星、闪电定位等。而对于电场仪观测网区域内新生的雷暴云，理论上地面电场观测能够达到很好的预警效果（采用电场平均变化趋势作为预警指标），这还需要用实际观测进行检验。

　　随着全国地闪定位站网和局部地区总闪定位系统的建设，闪电资料在雷电预警中将起到越来越重要

多普勒气象雷达

的作用。通过区域识别、跟踪和外推算法，我们可以对已经发生闪电的区域进行识别，利用一段时间的监测资料就能进行跟踪和预测，特别是总闪定位系统能够提供云闪的信息，可以为地闪提供更长的预警时间。

　　另外，在同时拥有闪电监测资料及雷达、卫星等实测资料时，需要综合考虑这些资料。例如在利用雷达、卫星资料对强对流区域进行识别、跟踪时，参考雷电定位结果，判断这些区域是否已经发生闪电，将为下一时段外推得到的强对流区域是否会发生闪电提供决策依据。

# 利用照相机对闪电观测

利用照相机对闪电观测是研究闪电的重要工具之一。由照相观测可以测量闪电的时间、闪电的速度和闪电的结构。早在19世纪后期，霍弗就利用照相摄影方法观测闪电，他将照相机作水平快速移动，获取闪电照片，观测闪电变化情况，发现闪击是有分枝的，并且闪击之间有连续发光存在，并测量两闪电的时间间隔为1/5~1/10秒，这个时间显然是过大了。到20世纪初，法国沃尔特利用一个由钟控制的可移动照相机，精确地测出了闪击之间的时间，并拍摄了第一次闪击的先导，观测到第一次闪击是向下分枝的，但是他没有发现先导是梯级的。同时，美国的拉尔森也进行了类似的闪电观测，测量了闪击之间的时间，并记录到一次由40次闪击组

抓拍闪电不是一件容易的事情

**摄影家眼中的雷电**

成的闪电。

直到 1926 年玻依斯设计出一种旋转式相机，后来称之为 boys 相机。其结构是将两个照相机的镜头分别安装在一个旋转圆盘的一条直径的两端，镜头随圆盘高速旋转。当观测闪电时，闪电成像位于两镜头后面的静止底片上，由于圆盘快速旋转，两镜头各向相反的方向移动，由于镜头的高速移动，闪电光不是同时到达底片上，使得照相底片上感光的闪光发生畸变，这种畸变方向是以直径为对称的，镜头的旋转速度是已知的，通过将两幅图的比较分析及一系列处理后，就可以推断出闪电的方向和速度，并且可以判断闪电发展的连续相位，从而得到闪电的结构和发展过程。1929 年，玻依斯又将相机作了进一步的改进，将转动相机镜头改为两镜头固定不动，而照相底片作快速旋转，这有利于提高观测的稳定性和精度。

为观测回击闪电通道径向变化，

塔卡基等制作了一台高速扫描相机，它是对一般线扫描相机的改进。其部件有：物镜、图像辅助（放大）装置、一维荷电耦合器件的图像感应器、一个探测驱动器和一个视频放大器。CCD 图像感应器是由 1024个高灵敏度的硅光敏二极管组成的线性阵列，所有的光敏二极管与CCD 移位寄存器相连。

# 测量大气电场

旋转（场磨）式大气静电场仪，它是根据导体在电场中产生的感应电荷原理来测量大气电场。主要由大气电场感应器、信号处理电路、显示系统和雷电警报器四个部分组成。大气电场感应器由上下两片相互平行、有一定间距、开关相似的四叶片连接在一起的对称扇形金属片组成。下面的金属片用来感应电荷，固定不动，称为定片，上面的金属片由马达驱动旋转，称为动片，并与地相连接，它既起屏蔽定片的作用，又使定片暴露在大气电场中。当动片旋转时，定片便交替地暴露在大气电场中，由此产生交流电信号，信号的强弱与大气电场强度成正比。信号处理电路是将交变电信号进行放大等处理为显示系统所要

大气监测设备

**113**

飞云掣电

雷电灾害的防范自救

无线电探空仪

大气电场探空仪用于研究积雨云或其他云中大气电场分布和云中电荷分布。它由双球式大气电场感应器、发射机和在地面的接收系统三部分组成。双球式大气电场感应器由两个相隔一定间距、绕水平轴旋转的金属球体组成。在强大气电场中，两个金属球分别感应大小相等、极性相反的交变电荷，其幅值与两球旋转所形成平面的大气电场分量成正比，双球式大气电场感应器的输出信号，经发射机传送到地面。地面接收系统由天线、接收机、数据处理系统和显示装置组成。天线接收的大气电场和温、湿信号，通过接收机和数据处理，最后输出探测结果。此外探空仪还携带有温度、湿度和测风应答仪。

求的信号。显示系统可以用示波器、打印机或记录器等显示大气电场信号。雷暴警报器根据测量的电场的大小和变化，预测雷电出现的可能，并发布近距离雷电警报。

# 卫星和雷达监测雷暴

卫星为大范围探测闪电提供了理想平台，多年来已有多颗静止气象卫星装载有记录闪电信号的观测仪器，美国国防气象卫星（DMS P）上载有各种光学探测闪电的探测器。DMS P 卫星是 1970 年美国空军发射的一颗用于军事目的的气象卫星，采用太阳同步轨道，其使用的基本仪器是高分辨率扫描仪，可以获取可见光和红外图片。1973 年 DMSP 卫星发射后不久发现高分辨率可见光扫描仪在轨道的夜间部分具有探测闪电的功能。1980 年，科学家首次提出在静止卫星上获取高空间分辨率、高探测效率、昼夜探测闪电放电图像。20 世纪 90 年代，根据他们的理论开发出一种新的 LMS 闪电探测仪。

LMS 成图探测器能够探测大范围区域闪电发生的时间、闪电的辐

太空中的气象卫星

射能、日夜监测云闪和地闪闪电，其空间探测分辨率达到 10 千米。

20 世纪 50 年代，科学家首次用雷达观测闪电，直到近年来雷达可以用于闪电定位、确定通道的物理特征和监测有关风暴的演变。雷达能实时连续对雷电进行监测，对闪电的观测要优于被动观测，是监测闪电的最有效工具之一。

**你知道吗**

## 美国"国防气象卫星"

美国"国防气象卫星"（DMSP）是世界上唯一的专用军事气象卫星，隶属于美国国防部，由美国空军空间和导弹系统中心负责实施。卫星由美国国家海洋大气局负责运行。DMSP 所获得的资料主要为军队所用，但也向民间提供。提供的信息有云高及其类型、陆地和水面温度、水汽、洋面和空间环境等。

# 闪电定位与新型探测仪

### 1. 闪电定位

闪电定位系统也称之为闪电探测和测距系统（LDAR）。20世纪70年代，LDAR由一个中心站和6个遥控站组成，基本工作原理是双

埋装闪电定位仪

曲线定位原理。现在已大有改进，只用一个中心站和3个遥控接收站组成三角定位法系统。有两种方法：

一种是磁场方位法。是利用一对闭合环形导体做成接收天线以接收闪电发生的脉冲电磁波的磁场分量。每一个天线接受磁场的一个分量，它是垂直于天线线圈平面的，从两个磁场分量的大小，可以确定落地闪的方向，两个站各自同时定出的方向线相交点就是落地闪的位置，用三个站，则可以把交点位置定得更精确。1989年黄岛油库是落地雷引起大火的，这个落地雷的地

点和准确时间监测人员是在几百里外的监测闪电系统的监视屏上看到并记录下来的。这种闪电监测定位系统可以用于森林火灾的监测，也可用于荒无人烟大范围的输电网雷击损坏点的搜寻，我国大庆油田、华北电管局等已购用中科院空间中心研制的 SD- J D- I 型闪电监测定位系统，其测量范围可达几万平方千米。

另一种闪电定位方法是采用辐射场到达时间系统，又称雷电跟踪定位系统，它有非常高的精度，是以接受导航卫星的时间标准为基准，与各检测站收到闪电辐射场的时间相比较，从而定出闪电的位置。

### 2. 新型探测仪

检测大气电场不一定用电学仪器，也可以运用光学效应来测量电场，光纤电光晶体电场传感器就是其中之一。电光晶体有一种泡克耳斯效应，它是这样一种现象：凡是不具有对称中心的透明晶体，光通过时会产生双折射现象，在某一方向加电场后，双折射现象会发生改变，变化量与外加电场成

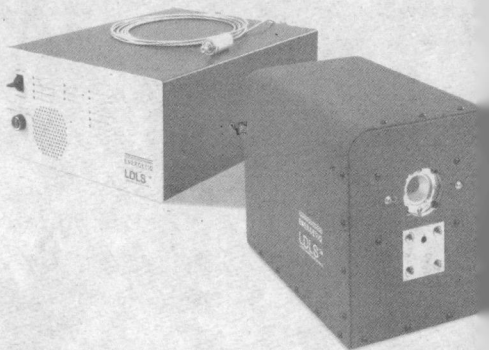

可用来测定大气性质的光学仪器

正比，是一阶电光效应，把晶体放入偏振装置中，经过起偏器 1/4 波片和检偏器作用后，通过电光晶体的光强就与外加电场的大小成正比了，光强可以用光电管来测量取读数。

另一个是借用共振现象测闪电。大地表面和高空的电离层类似一个电的谐振腔，闪电发出的电磁波有各种频率成分，它的 7.5 赫兹的基频及其谐波在这个大谐振腔发生共振，称为舒曼共振。用电磁波接收机接收空中各种来源的电磁波，若有这种频率的成分，它一定是来自雷暴放电，利用这一现象可以监测全球的雷电，任何一个地方的闪电辐射舒曼共振频谱在全球任何地点均可监测到。

# 雷电监测产品的应用

闪电定位系统是用于雷电监测和预警的新型探测设备，可以自动、连续、实时监测闪电发生的时间、方位、强度、极性等特征参数。特别是目前在世界发达国家广泛使用的闪电监测站网，能够提供大范围、长距离、高效率和高精度的雷电活动位置和发展信息等，而且其高频（VHF）闪电定位探测系统还可以监测云闪，能够揭示闪电放电过程的时空分布，因此闪电监测信息具有广泛的应用前景。

在短时天气预报的应用方面，雷电信息作为对流性天气灾害超短时预报的新手段已受到重视。

1980年美国曾经开展了对流降水试验计划，反映了人们认识到电结构，特别是对流云系统电结构的复杂性，也反映了起电过程的多样性和复杂性。在2000年夏季美国NWS和

三维闪电定位系统

NOAA 开展了试验项目 STEPS（强雷暴起电和降水研究），其主要目的是研究雷电结构与灾害性雷暴的关系。STEPS 试验项目的探测试验中采用了三维 VHF 闪电探测系统 LMS 和 Doppler 天气雷达等探测设备。利用 LMA 系统对各种雷暴进行了进一步的观测研究，利用 LMA 观测资料对雷暴中的闪电特征及其与对流的相关性进行分析。

围绕"闪电和强对流天气"这一研究主题，国内外均开展了大量的研究，取得了可观的进展。早在 1987 ~ 1991 年，美国就利用其覆盖全国的雷电监测网（NI. DN）进行了站网观测运行实验，美国国家强风暴预报中心（NSSFC）在 1988 ~ 1990 年间，组织了相应的"闪电资料应用于强对流天气预报业务"的评估研究，并肯定了闪电资料可以有效地改进强对流天气的诊断和预报。近几年，美国民航气象局和 NSSFC 已经有了可用于业务的诊断和预报技术，用户已可以很方便地从 NLDN 索取闪电资料及其预报产品。

近年来的研究表明，利用雷达和雷电定位对雷暴的观测分析表明，雷电频数与雷暴的生消演变过程有

气象车

直接关系，闪电资料在时效性方面有着突出的优势，闪电监测数据已经成为灾害性天气预报产品中必不可少的因素，有助于改进强对流天气的诊断和预报，但许多认识还处于现象学阶段。目前还要进一步深化对机理的认识，利用闪电数据的特征与强对流天气的关系，针对不同地区强对流活动的特点，结合多种探测手段和测量方法，提出典型区域强对流天气的闪电特征诊断和短时预报方案，发展可用于预报业务的诊断分析技术，以及与短时预报相配合的软件产品，为闪电资料在灾害性短时天气预报上的应用研究提供新的结合点。

雷暴过程常伴随有强烈的对流、降水和雷电活动，对它们之间的相关性的研究随着雷电定位系统的应用而取得了许多有意义的结果，特别是经常发生在一些超级单体雷暴中的冰雹、大雨或龙卷风等灾害性天气过程与雷电的时空演变特征有很好的相关性。利用闪电 VHF 辐射源高时空分辨率的三维观测资料对超级单体雷暴的闪电特征进行了观测研究，曾发现雷暴中闪电洞（即

闪电空白区）的存在，且与雷暴中的强上升气流有关，结果表明对流风暴中的闪电洞或闪电环（即环状闪电空白区）与强上升气流密切相关。观测还发现闪电频数小于 10 次 / 分钟的雷暴一般不产生降雹，而大于 100 次 / 分钟的雷暴 60％ 产生大的降雹；研究结果表明在降雹发生期间，雷暴中主要以正地闪为主，且正地闪峰值超前于降雹过程的发生，这些研究大多基于雷电定位系统对地闪特征的观测，地闪多发生在雷暴的成熟和消散阶段，在发展阶段较少，而云闪在雷暴的总闪电中占有更大的比例，尤其是在雷暴的发展阶段。同时观测还发现云闪峰值可超前 5 ~ 10 分钟。

气象局内部

这些观测结果进一步反映出雷暴电荷结构的复杂性和雷电活动与动力、微物理过程之间的相关性，雷电参量在灾害性天气的预警、预报中具有重要作用，特别是这些结果具有一定的普遍性，对我国的灾害性天气过程的监测预报也具有重要的参考价值。但为了更好地利用雷电这一重要参数，进一步深入研究和大量观测实验的开展是非常必要的，也具有重要的实际意义。因此对雷暴产生的云闪和地闪以及单个闪电通道的发生发展特征进行综合分析，将有利于对雷暴的监测、预警和闪电特征的理解。

研究表明，闪电定位系统的数据能够较可靠地反映雷暴过程的发展趋势，不同类型风暴的天气过程的闪电特征不同，同一次风暴过程的不同阶段的闪电特征也不同，但这些认识还处于现象学阶段。要发展可用于业务的诊断和预报技术，还要进一步深化对机理的认识，在原有的闪电资料的基础上，针对不同地区强对流活动的特点，建立可靠的诊断指标和预报方法。目前，美国强风暴实验室和俄克拉何马大学研究人员，使用雷达、探空、自动气象站等多种气象探测手段获得的信息，开发了天气决策支持系统。

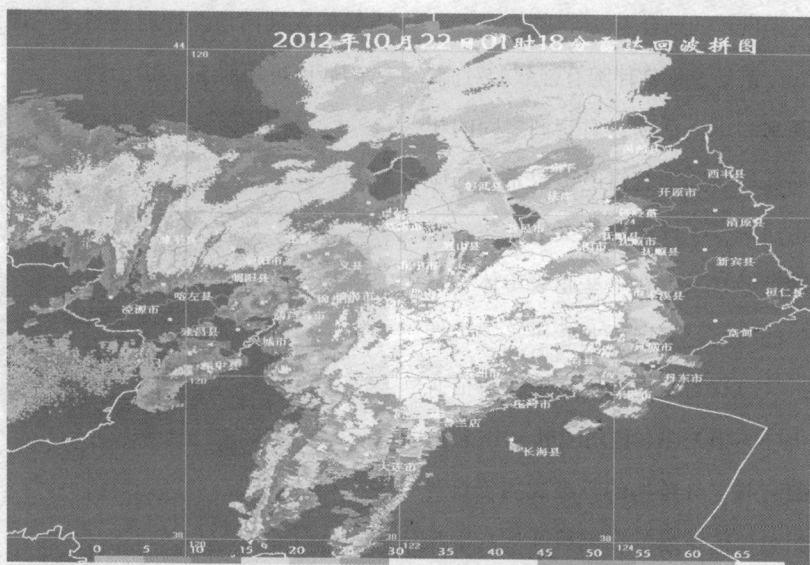

卫星返回的气象图

在雷电防护上，闪电探测实验研究，可以进一步深化对闪电机理的认识，提供可用于防雷产品和防雷工程设计效果检验的可靠实验测试数据。气象部门用在防雷减灾工作方面取得较大进展，但总体上讲，还是处于发展的初级阶段。闪电探测数据的长期积累，可以改变我国人工观测闪电和缺少雷电密度分布的状态。同时，防止雷电灾害，首先要分析雷电，特别是雷电电磁脉冲的物理过程，认识其成灾规律，从而有针对性地设计防雷产品，实施合理的雷电防护系统 LPS。而闪电定位系统是利用对闪电电磁脉冲的探测技术，因此说闪电监测系统是从更深入的层次和角度，对闪电发生过程的详细描述。以此为出发点，闪电探测实验研究可以提供一种雷电防护有效性验证方法，并为雷电防护技术标准和管理规定的制定和防雷减灾技术的研究奠定基础。

此外，卫星闪电探测资料也得到了广泛的应用。OTD 和 LIS 的优点在于其对地观测的一致性，外界的影响主要是太阳耀斑和南大西洋异常区等一些影响卫星仪器的原因。

但由于卫星是低轨运行，受对飞越的固定点上空观测时间短的限制，星载仪器不能连续监测特定地区的雷暴过程，对特定地区的闪电活动是低重复率、间断式地观测、采样，另外 OTD 和 LIS 给出的是总闪电，不能区分云闪和地闪，因此限制了资料在预报和预警上的应用，该资料主要应用在气候研究和雷暴云的个例分析和对比研究上。OTD 和 LIS 从 1995 年至今，已获得 11 年一个太阳周期的全球连续观测的闪电资料，获得了大量新的科学成果，得到了全球闪电活动的气候学特征，包括闪电分布的海陆差异、纬度变化、时间变化，指出全球闪电频数平均每秒钟为 46 ± 5 个，被称为三大烟囱的高闪电发生区有着不同的闪电特征，闪电活动存在半年周期，对在某些区域有强响应，全球总闪率对全球地面气温的变化是正响应的，闪电活动可以当做全球气候变化的指示器。OTD 和 LIS 资料还被运用于闪电产生 NOx 的计算和化学输送模式中。由于 TR 毫米上还搭载着辐射仪和降雨雷达，还可以将 LIS 闪电资料和雷暴云的雨强、云顶亮温等参量做相关研究。

雷电作为对流性天气所产生的主要灾害之一，由于其成灾迅速而对其研究、预报和防治带来了极大的困难。同时，雷暴作为雷电的产生源常引起冰雹、暴雨等突发性天气灾害。利用雷电探测系统，结合雷达、地面气象观测系统，通过研究强风暴的动力、微物理和电学特征及它们之间的相互作用过程和耦合机制；研究强风暴系统与雷电活动的发展演变规律，从雷电的角度研究强对流风暴的冰雹、大风等局地气象灾害临近预报的方法和技术，发展雷电预警预报方法研究，为我国灾害性天气过程的监测和预测提供新的手段，为提高大城市和重大工程的灾害天气过程的超短时定点预报服务水平奠定基础。通过闪电特征与天气过程关系的深入研究，发展可用于业务的诊断和预报技术，进一步开发闪电资料的预报产品，为气象业务预报服务。

随着人们防雷意识的不断提高，对雷电灾害预报的要求越来越迫切，对防雷技术的要求也越来越高。鉴于气象部门具备对雷电的监测、防护和研究的优势，闪电监测资料的开发应用，会在很大程度上减少雷

突发的雷电

**家用防雷电器**

电灾害给人民生活和社会生产造成的损失。另外，也会对我国雷电探测和防护的规范化管理及其健康发展起到积极的作用。目前各行业对闪电灾害预报的需求量很大，在气象、航空、航天、电力、通信、军事、工业、水文、农业等部门，以及人们的日常工作生活，都需要闪电的预报产品提供雷电预报和警报的多种服务，以及雷电防护的咨询服务。

# 雷电预警预报产品的应用

　　雷电预警预报系统可以有效、实时地提供一定时间和区域内雷电发生概率，可以应用于各行业。特别是在一些特殊的场所，如高尔夫球场、爆炸物储藏仓库、运动场、户外游乐场等。为在空旷场地活动公众提供雷电预警信号，以便在雷电发生之前能及时撤离到安全的、有完善的直击雷防护措施的建筑物中；为公众日常活动及运动员特殊比赛日提供雷电预警信息，如球场、运动场、公园、游泳池、马术中心和学校，以及海滩、码头等大面积且人员较为密集的空旷场地，以便保护人身安全；为机场气象部门提供雷电活动信息，保障飞行安全，也为机场的地勤人员提供雷电预警保护；还可以为在户外训练的军人提供雷电预警信息，以便用来确定最适当的时间来关闭精密电子设备；为露天作业的人员以及易燃易爆物品的装卸和运送操作人员提供雷电预警信号，以确保这些人员的生命安全。

　　特别是通过以现代化技术和手段建立的公众雷电服务系统，以及准确、及时地适应公众需求、内容丰富的雷电信息产品的开发，将为电力、交通、航空航天、国防、军事、石油等应用领域提供高质量、

**雷电现象监测箱**

高时空分辨率的雷电信息应用产品，并结合不同行业的特殊要求，提供专业雷电预警、灾害等级科学评估和决策分析结果，为国民经济众多部门的建设服务。

你知道吗

## 猎雷者雷电预警系统

猎雷者是阿古斯公司拥有自主知识产权的新一代全数字化雷电预警系统，属于建立在场磨原理技术基础上的大气静电场探测产品。其工作原理是通过对不断被屏蔽及开放的探测电极带电量的增益放大，转换为数字电场值，从而实时地监测近地面大气层静电场的变化，并对可能造成当地雷击危险的大气电场强度变化加以识别和预警。

# 雷电预警信号

提前做好雷电防范工作，必须认识气象部门发布的雷电预警信号。雷电预警信号分三级，分别以黄色、橙色和红色表示越来越严重。

## 1. 雷电黄色预警信号

标准：6小时内可能发生雷电活动，可能会造成雷电灾害事故。

黄色雷电预警信号

防御指南：

（1）政府及相关部门按照职责做好防雷工作。

（2）密切关注天气，尽量避免户外活动。

## 2. 雷电橙色预警信号

标准：2小时内发生雷电活动的可能性很大，或者已经受雷电活动影响，且可能持续，出现雷电灾害事故的可能性比较大。

防御指南：

（1）政府及相关部门按照职责落实防雷应急措施。

（2）人员应当留在室内，并关好门窗。

雷电橙色预警信号

（3）户外人员应当躲入有防雷设施的建筑物或者汽车内。

（4）切断危险电源，不要在树下、电杆下、塔吊下避雨。

（5）在空旷场地不要打伞，不要把农具、羽毛球拍、高尔夫球杆等扛在肩上。

### 3.雷电红色预警信号

标准：2小时内发生雷电活动的可能性非常大，或者已经有强烈的雷电活动发生，且可能持续，出现雷电灾害事故的可能性非常大。

防御指南：

（1）政府及相关部门按照职责做好防雷应急抢险工作。

（2）人员应当尽量躲入有防雷设施的建筑物或者汽车内，并关好门窗。

（3）切勿接触天线、水管、铁丝网、金属门窗、建筑物外墙，远离电线等带电设备和其他类似金属装置。

（4）尽量不要使用无防雷装置或者防雷装置不完善的电视、电话等电器。

（5）密切注意雷电预警信息的发布。

雷电红色预警信号

# 自我预估及个人防雷原则

### 1. 自我预估

在收听或者是收看天气预报的时候可以通过自己的感官来确定是否真的有雷电要来。

仰望天空：当天空中的积云开始迅速变黑的时候可能会出现雷电天气。

倾听杂音：在收听广播的时候，如果听到收音机发出刺耳的声音，表示可能有雷雨出现。

估计距离：如何判断雷电在何时达到本地？最简单的方法是，当看到闪电的一瞬间马上读秒，由于光速为每秒30万千米与空气中的声速每秒340米相比有明显的差异，

所以，在闪电与伴随的雷声之间，会有一定的时间差。如果看见闪电后和听见雷声之间的时间间隔为5秒钟，表示雷闪发生在离自己约1.5

看到乌云遮天一般雷电即将到来

130

千米的位置；如果是 1 秒钟，也就是一眨眼的时间就会听见雷声，说明雷闪位置就在附近 300 米左右。当遇到雷雨天气时，可以记住每次听到雷声与看见闪电的时间间隔是越来越长，还是越来越短，以此来判断雷雨是逐渐远离而去，还是越来越近，从而采取一定的防范措施。

自我感觉：当你感觉到自己的头发和皮肤有异样感觉的时候，这说明雷击很快就可能出现，为了免受伤害，此时应立即采取保护措施。

### 2. 个人防雷原则

如果遇到雷雨天气，一定不要惊慌。通常来说，要遵守两条原则：一是要远离可能遭雷击的物体和场所，二是在室外时设法使自己及随身携带的物品不要成为雷击的对象。按照防雷避险六字诀，就可能避免遭受雷击的伤害。防雷避险六字诀为：

一是学，即学习有关雷电及其防雷知识。

二是听，通过多种渠道，如电视、广播、报纸等及时收听或者是收看各级气象部门发布的雷电预报预警信息，不能听他人没有根据的谣传。

三是察，即密切注意观察天气的变化情况，如果发现了异常情况，一定要及时采取防护措施。

四是断，在防雷救灾中，首先要切断可能导致二次灾害的电、煤气、水等灾源。

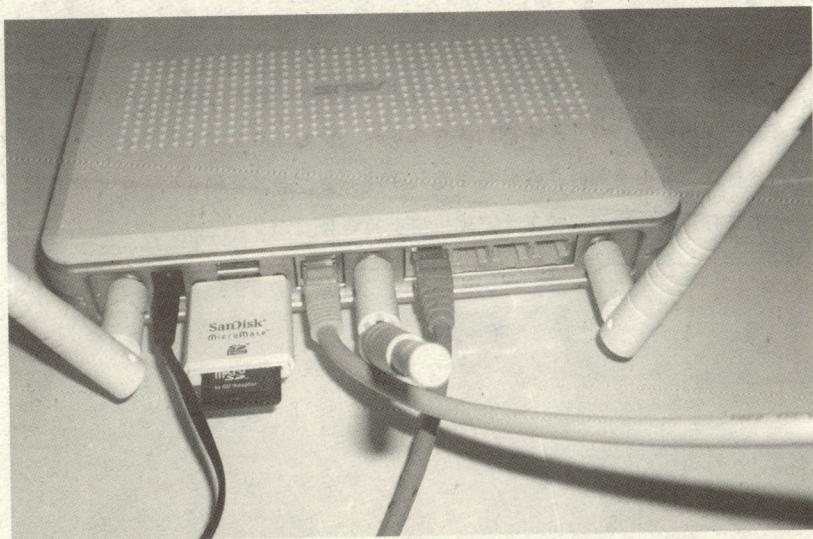

雷电时应及时断开电线

五是救，利用已经学过的一些救助知识来进行自救或者是互救，如果有遭受雷击比较严重的人则需要进行及时抢救。

六是保，除了自我保护之外，还要利用社会防灾保险，只有这样，才能将损失降到最低。

你知道吗

## 雷电击人，千万躲开

2007年6月，广西北流市雷鸣电闪，下起了大雨，西琅镇良村的郑某和妻子、老母亲均在自家的一层砖混结构的楼房里。下午4时左右，郑某家楼顶的楼梯间木门被风刮开，郑某遂上楼关门。正关门时，郑某被雷击中，当即滚下楼梯。而站在郑某下方的妻子，当时感到头部如遭重击，麻痹疼痛，并受惊跳开。随后，妻子发现丈夫滚落到楼梯中间的平台上不省人事，呼叫120急救，但经抢救无效死亡。气象部门前去调查发现，该村周围为较广阔平坦的带水农田，地理条件有利落雷闪击。但若是郑某不上楼关门，这样的事故或许不会发生在他身上。

2007年6月3日，北流市还有5位村民在旷野中撑起大伞遮雨，结果因伞为钢骨，高度有2.5米左右，在旷野中引雷上身。当时，伞下有两人被直击雷击中当场死亡，另3人除感到浑身麻痹外，雷电过后全都安然无恙。气象专家分析说，雷雨交加时，在旷野中越矮小越安全，若只有钢骨伞，宁可被雨淋也不要打开，双脚并拢蹲下才是比较安全的姿势。

# 第三章

## 有备无患——防雷避雷常识

雷是一种自然现象，雷电在孕育了地球上生命的同时，也是一种危害人类生命健康的自然灾害。我们不可能让雷电消失，但是却可以认识雷电，并学会利用雷电，防范雷电。因此要提醒人们了解防雷知识，增强防雷意识。

# 室外防雷措施

在雷电发生时，我们应尽量不要到室外活动，大多数雷击死亡的事故都发生在户外。所以在遇到乌云密布，狂风暴雨即将来临时，大家要尽快躲到室内。如果躲避不及，在室外遇到雷雨天气时，提醒大家可以采取以下几种防护措施。

（1）云与大地之间发生的雷电具有选择性。一般情况下，高大的物体以及物体的尖端容易遭遇雷击。所以在室外时，不要靠近铁塔、烟囱、电线杆等高大物体，更不要躲在大树下或者到孤立的棚子和小屋里避雨。这样可以减少或避免受到接触电压和旁侧闪击以及跨步电压的伤害。

（2）有些建筑物或构筑物为

避雷塔

旷野中一定不要让自己成为第一高点

了防止直击雷的袭击，都安装了避雷针或避雷带等接闪器。当雷电发生时，往往这些防雷装置起到的是引雷的效果，雷电电流由接闪器通过引下线导入地下，它可以保护周围不遭直击雷的袭击。所以如果在室外万一无处躲藏，你可以躲在与避雷装置顶成45°夹角的圆锥范围内，这是一个避雷针安全保护的区域，但不要靠近这些建筑物或构筑物。

（3）在郊外旷野里，如果你与周围物体相比，是最高点，也就是你将处于尖端的位置，最容易遭到雷击。所以，当野外发生雷电交加现象时，不要站在高处，也不要在开阔地带骑车和骑马奔跑，更不要撑雨伞，拿着铁锹和锄头，或任何金属杆等物以免遭到直接雷袭击。要找一块地势低的地方，站在干燥的、最好是有绝缘功能的物体上，蹲下且两脚并拢，使两腿之间不会产生电位差。

（4）为了防止接触电压的影响，在室外你千万不要接触任何金属的东西，像电线、钢管、铁轨等导电的物体。身上最好也不要带金属物件，因为这也会感应到雷电，灼伤人的皮肤。

另外，在雷雨中也不要几个人挨在一起或牵着手跑，相互之间要保持一定的距离，这也是避免在遭受直接雷击后，传导给他人的重要措施。

（5）当你在野外高山活动时，遇到雷雨天气是非常危险的。在大岩石、悬崖下和山洞口躲避，会遭到雷电流产生的电火花的袭击。最好是躲在山洞的里面，并且尽量躲到山洞深处，两脚并拢，身体远离洞壁，并把身上带金属的物件，如手表、戒指、耳环、项链等物品摘下来，放在一边，金属工具也要离开身体。

（6）在雷雨天气时，千万不要到江河湖溏等水面附近去活动。因为水体的导电性能好，人在水中和水边被雷电击死、击伤事故发生的概率特别高。所以在雷电发生时，要尽快上岸躲避，并且要远离水面。

（7）雷电交加时，如果你正在行驶的汽车内，要将车的门窗关闭，躲在里面，以确保人身安全。因为金属的汽车外壳是一个非常好的屏蔽。若一旦有雷击，金属的外壳就会很容易地把雷电电流导入大地。

（8）不宜使用移动电话等户外通讯工具。

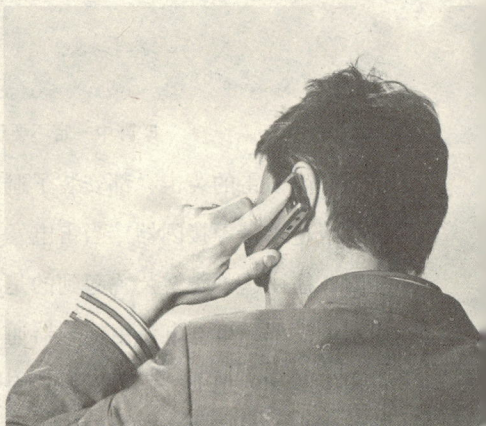

打电话要避开雷雨天

你知道吗

## 非金属油罐的防雷

应采用独立的避雷针，以防直接雷击。同时还应有防雷电感应措施。对覆土厚度大于0.5米的地下非金属油罐，可不考虑防雷措施。但呼吸阀、量油孔、采光孔应做良好接地，接地点不少于两处。

# 室内防雷措施

雷电来临时，躲到室内比较安全，但这也只是相对室外而言。在室内除了会遭受直击雷侵袭外，雷击电磁脉冲也会通过引入室内的电源线、信号线、无线天线通道进入室内。所以，在室内如果不注意采取措施，也可能遭受雷电的袭击。下面就来介绍几种室内防止雷电灾害的措施。

（1）发生雷雨时，一定要及时

雷雨天一定要关好门窗

关闭好门窗，防止直雷击和球形雷的入侵。同时还要尽量远离门窗、阳台和外墙壁，否则一旦雷击房屋，你可能会受接触电压和旁侧闪击的伤害，成为雷电电流的泄放通道。

（2）在室内不要靠近，更不要触摸任何金属管线，包括水管、暖气管、煤气管等。特别要提醒在雷雨天气不要洗澡，尤其是不要使用太阳能热水器洗澡。

室内随意拉一些铁丝等金属线，也是非常危险的。在一些雷击灾害调查中，许多人员伤亡事件都是由于在上述情况下，受到接触电压和旁侧闪击造成的。

（3）在房间里不要使用任何家用电器，包括电视、电脑、电话、电冰箱、洗衣机、微波炉等。这些电器除了都有电源线外，电视机还会有天线引入的馈线，电脑和电话还会有信号线。

雷击电磁脉冲产生的过电压，会通过电源线、天线的馈线和信号线将设备烧毁，有的还会酿成火灾，人若接触或靠近设备也会被击伤、烧伤。最好的办法是不要使用这些

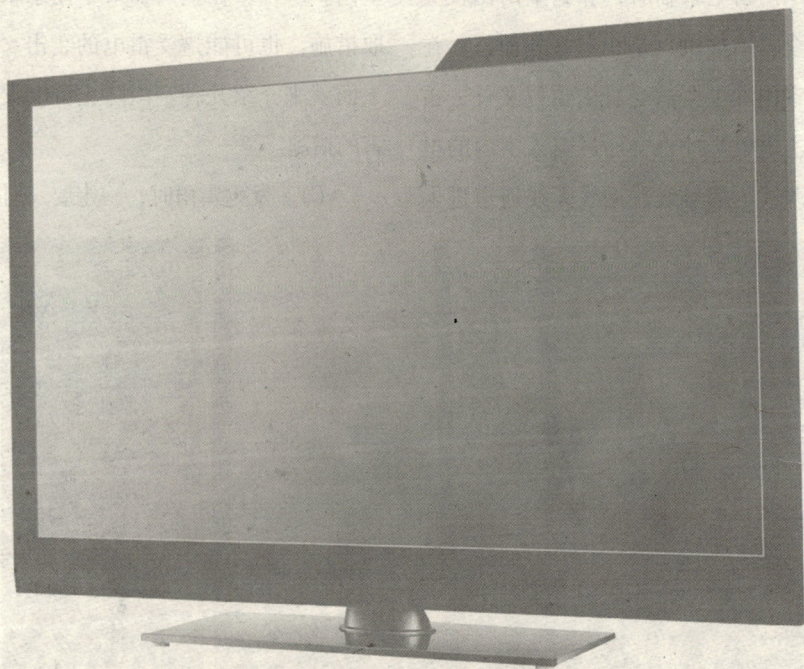

关闭电视机，断开数据线

电器,拔掉所有的电源线和信号线。

（4）要保持室内地面的干燥,以及各种电器和金属管线的良好接地。如果室内的地板或电气线路潮湿,就有可能会发生雷电电流的漏电伤及人员。室内的金属管线接地不好,接地电阻很大,雷电电流不能很通畅地泄放到大地,就会击穿空气的间隙,向人体放电,造成人员伤亡。

## 你知道吗

### 防范雷电侵入波

为了防止雷电侵入波沿低电压线路进入室内,低压线路最好采用地下电缆供电,并将电缆的金属外皮接地。采用架空线供电时,在进户外装设一组低压阀型避雷器2～3毫米的保护间隙,并与其一起接地。接地装置可以与电气设备的接地装置并用。接地电阻不得大于5～30欧。

阀型避雷器应装在被保护物的引入端。其上端接在线路上,下端接地。正常时,避雷器的间隙保持绝缘状态,不影响系统的运行,当因雷击,有高压冲击波沿线路袭来时,避雷器间隙击穿而接地,从而强行切断冲击波,这时进入被保护物的电压仅雷电流通过避雷器及其引线和接地装置产生的残压。雷电流通过以后避雷器间隙又恢复绝缘状态,以便系统正常运行。

# 航行中的防雷措施

（1）飞行前，飞行人员向气象保障部门详细了解飞行区域和航线的天气情况，特别是对有可能产生雷暴天气的区域和航线，要认真了解雷暴的性质、位置、范围、强度、高度、移向移速及变化趋势，同时考虑好绕飞方案及注意事项。

（2）只要有可能，飞行人员尽量使飞机避开雷暴活动区，其方法是推迟起飞时间、改变航线及飞行高度、空中等待、绕飞、改降或返航等。

（3）飞行时应用机载雷达监视天气变化，当发现积雨云回波时，应不间断注意其强度变化。

（4）绕飞雷暴区时，基本原则是以目视不进入雷暴云，力争在云上或云外飞行。绕飞时应根据雷暴强度在雷达回波边缘25千米以外通过。穿越两块积雨云空隙时更要慎重，防止从两块强积雨云回波之间

云层之上飞行的客机

通过。

（5）尽量不在雷暴云的下方飞行。因为云与地之间闪电击（雷击）的次数最为频繁，飞机也最容易遭到闪电击。如一旦在云下飞行，应设法避开孤立的山丘、大树、塔和高大建筑物的尖顶。

（6）尽量不在中等强度以上降水中飞行。其原因：一是容易遭遇降水静电闪电击（雷击）；二是降水对雷达回波有一定的衰减作用，因此一定要慎重。

（7）在云中飞行时，遇到的天气复杂多变，不仅要根据机上雷达判断情况，同时要请求地面雷达进行配合，听从空管指挥员的指挥。

（8）当起飞机场有雷暴时，通常不要起飞；如雷暴较弱，任务又紧急，又有绕飞的可能，可向无雷暴的方向起飞；当降落场有雷暴时，一般应飞到备降机场降落；如任务紧急或油量不足时应找有利方

爬坡中的飞机

向降落；当走廊内有雷暴时，应采取绕飞或爬高飞越，在机场上空上升后出航或下降后降落。在雷暴区边缘机场起飞、降落时，要特别注意低空风切变的影响。

（9）在雷雨季节，飞机停放时，一定要搞好防护，接好地线，做好防止飞机在地面遭受雷雨大风、冰雹、雷击的各种工作。

# 野外活动的防雷措施

雷暴是一种猛烈的、恶劣而急剧变化的天气。通常来说，雷暴通常是由小块积云开始的，随后迅速发展，经过浓积云发展时期并进入成熟的积雨云阶段。

在积云雨不断堆积并开始变黑的时候就预示着将要发生雷暴。通常来说，雷暴持续时间很短，如果在雷暴发生的时候，人正在进行野外活动，此时不要害怕，一定要保持镇静，找到可以躲避的地方。而闪电的危险性在于击穿物体和人体，引起火灾，以及所产生的雷声震破人的耳膜。因此，应该记住：

（1）通常，汽车是极好的避雷设施，在闪电发生的时候可以躲在车里。

山洞是躲避雷暴的好地方

登山遭遇雷暴天气要选好躲避地点

（2）洞穴、沟渠、峡谷或高大树丛下面的林间空地是最好的保护场所。

（3）如果在露天，应蹲在离开孤立大树高度的两倍距离之处。

（4）如果感觉头发竖起来或者是皮肤有异样感觉的时候，很可能是因为受到电击而造成的，所以此时一定要倒在地上，进行自我保护。

（5）如果在孤立的凸出物附近躲避，一定要确保该凸出物的顶部至少应高出自己的头部15～20米。

（6）禁止在垂直的墙壁或悬崖、裸露的山峰和山脊以及平坦开阔的地形躲避。

（7）避开地裂缝、成片地以及悬空岩石。

（8）如果实在没有其他的措施，可以坐在散乱的石块中间。

（9）在地势险要的地方要用绳子拴住自己。

（10）如果进洞避雷，为了避免岩壁导电伤人，应离开所有垂直岩壁3米以外。

# 家用电器怎样避雷

在雷电多发季节，之所以存在家用电器安全隐患是因为感应雷的侵入而引起的。感应雷是指雷电发生时，在进入建筑物的各类金属管、线上产生的雷电电磁脉冲。

对于家庭来说，感应雷侵入主要有电线、电话线、有线电视或无线电视的馈线、住房的外墙或柱子4种途径。其中前3种途径都是与家用电器有直接的外部线路连接，

家用电器摆放离墙窗要有一定距离

当这些线路架空入室时则危害更为严重。

在现有条件下，最容易被人忽略的是感应雷入侵的第四个途径，也就是家用电器的安装未与建筑物的外墙及柱子保持一定距离。由于在住户所在的建筑物发生直击雷或侧击雷的时候，强大的雷电流将沿着建筑物的外墙及柱子流入地下。在这个过程中，由于建筑物的外墙或柱子有强大的雷电流流过，便在周围的空间产生电场和磁场，如果家用电器与外墙或柱子靠得太近，则可能受到损坏。

究竟如何才能做到安全使用家用电器呢？

防雷技术规范和经验告诉我们：

（1）建筑物应按防雷设计规范装设直击雷防护设施，这些防护设施能把雷电流的大部分引入地下泄放。

（2）引入住宅的电源线、电话线、电视信号线均应屏蔽接地引入，这样部分雷电流又会泄入地下。

为了能够确保用户的安全，应在相应的线路上安装家用电器过压保护器。通常来说，家庭中需要3个避雷器，即单相电源避雷器、电视机馈线避雷和电话机避雷器。避雷器的作用是对从线路上入侵的雷电电磁脉冲进行分流限压，从而实现家用电器的安全。

在安装家用电器的时候尽量远离外墙或者是柱子。另外，还要注意经常定期检查家用电器所共同使用的接地线，这样可以保证人身安全。当安装避雷器时，所有避雷器的接地都是与这条接地线相连的，

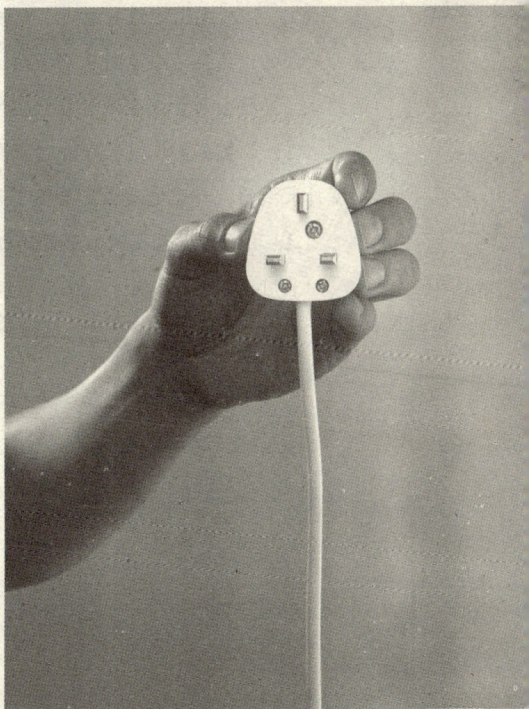

**直接断开总插头是不够的**

145

如果这条接地线松脱或断开，家用电器的外壳就可能带电，避雷器也无法正常工作。

在过去很长一段时间内，当在雷雨天的时候，很多人都说不使用家用电器，如拔下电视机的电源插头、天线插头，同时也不打电话。

当然，这种做法的安全性无可厚非，但是也会让人感觉很不方便，如果没有人在家，无法拔掉电源怎么办？鉴于这些突发情况，人们最好还是采用以上措施来避雷。如果条件不成熟，那就拔掉插头。

**你知道吗**

## 电气设备的防雷措施

（1）引入建筑物的电源线、电话线、电视信号线应屏蔽接地引入，比如室外天线的馈线靠近避雷针或引下线时，馈线应穿金属管或采用有金属屏蔽层的馈线，并将金属管或金属屏蔽层接地。

（2）雷电发生前，最好将电器设备的插头拔下，不看电视、不开空调。有室外天线的，在雷电发生前要拔下天线插头。

（3）有强雷雨天气时，最好不打有线电话。

（4）雷电发生期间，不使用手机通话。

# 防止电脑被雷"看中"

夏天一般雷电交加的下雨天比较多，对于 ADSL 上网用户而言，上网时候一定别忘记电脑安全。雷电就是最主要的威胁，一般电脑被雷劈都是从电脑宽带网线进去的，而且很有可能连着电脑电源、主板还有网卡一起击废，严重的还会连 CPU 一起烧毁，更有甚者会整机报废。所以大家在下雨天上网的时候一定要注意防雷,防止被雷"看中"！

雷电袭击电脑，目前来看主要有以下几个原因：

（1）电信运营商在敷设宽带布线时，将交换盒未装完整或有效的接地处理而直接悬挂在楼体的外壁或凸起部位上，也未做任何防雷措施，造成了雷击隐患。

（2）有线电视的运营商在制作有线传输信号处理时也同样存在以上问题。

（3）用户普遍没有雷击的安全防范意识，以至于外面雷电交加，

雷雨天气就让电脑休息会儿

屋内还游戏娱乐。

大家应做以下安全防范提醒：

（1）家中使用网通、铁通的ADSL拨号上网的用户，尽量不要在雷雨天气中使用电脑，有些用户采用了桥接自动拨号方式，更要加以注意。尽量在雷雨天气关闭 ADSL。

（2）家中使用城域网（有线）上网的用户，雷雨天气防范会比较麻烦，因为没有调制解试器，一般只是使用网线引连在电脑上，所以就算不使用电脑仍然会有问题，所以雷雨天气拔出连接的网线是个最

好的选择。

以下是几个典型的案例。

小张家安装的是中国网通的宽带。暴雨来袭时，他依旧在网上冲浪，闪电过后，其电脑失效，结果是内存、主板、显示卡全部烧掉。

小李家安装了有线的城域网，由于城域网的安装调试交换盒就裸露在楼体的外墙上，雷电过后，经过检查，包括有线交换盒，连接室外网线、网卡、主板在内的全部上述产品均被雷电击坏，损失巨大。

通过以上的实例我们不难看出，雷雨天气对电脑的冲击还是相当大

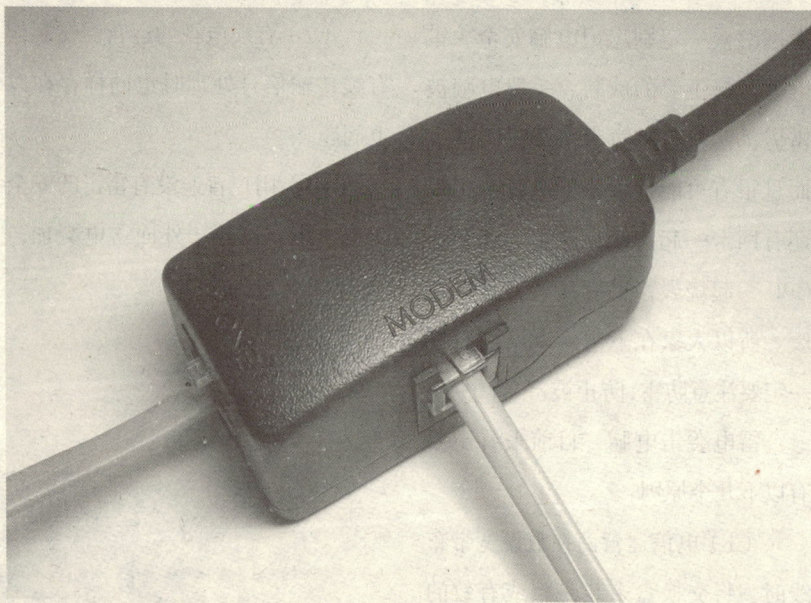

调制调解器

148

的，尤其是雷电。因此，大家要做好以下几点：

（1）确保计算机有个良好的接地引线，这点很重要。因为假如正好发生雷击设备的话，雷电产生的电流就会沿着接地引线导入地面，能有效防止雷电造成破坏，把损坏降到最小。

（2）养成安全使用电脑的好习惯。现在个人电脑上网多采用拨号上网和宽带上网两种。由于电脑与其连接的网络、电源紧密相关，因此计算机防雷远比彩电、冰箱等一般家用电器复杂，应在雷电有可能入侵的各个关口层层设防。现在多数家用电脑没有在调制解调器上安装避雷器，所以更要注意防雷，除雷雨天不使用电脑外，还要切断电源，最好是拔掉电源插座，让其彻底断电，以免雷电时产生的电波激活电路；宽带上网的除切断电源外，还要将网卡接口处的网线拔下；拨号上网的要拔掉上网的电话线，以免雷电摧毁上网计算机的调制解调器。总之，要在雷电有可能入侵的各个关口进行防范。

（3）除了以上所说的防止雷劈方法外，电脑电源也是不容忽视的，如果你的电源具备保护功能，损失会减小，所以尽量买好点的原装电源。

# 最好不要雷雨天打电话

有些专家看来，在雷雨天的时候，大气环境中气流流动加快，这就导致云层产生大量的正电荷，而地面产生大量的负电荷。在这个时候，如果存在一种触发条件，就会导致正负电荷相接，瞬间放电，此时，天空和地面之间就形成了一种放电现象，也就是雷击。其中，最为常见的一种触发条件就是用手机打电话。在另一种情况下，当雷雨云所带的电荷使空中的电场达到一定强度时，开始引起空气中分子的电离，最后发展至击穿空气的绝缘层，正负电荷发生放电而中和，这种云层与云层之间的放电现象即人们日常所说的雷电。由于手机电磁波是雷电很好的导体，电磁波在潮湿大气中会形成一个导电性磁场，极易吸引刚形成的闪电，导致雷击。

有一些公共场所是装有避雷设置的，所以即使打手机，其引发雷

雷雨天气

击的可能性也特别小。在这种环境中，雷电只会干扰手机信号，即使情况比较严重也不会损坏手机芯片，更不会危及生命安全。但是，在雷击时处于高山、旷野、河滩等空旷地带，打手机就变得非常危险。此时，人体成了地面明显的凸起物，手机无疑就充当了避雷针的作用，极有可能成为雷雨云选择的放电对象。

除此之外，手机不只是使用时能传导雷电。只要手机与通讯网络接通，与基站保持联络，就有电磁波发射或接收，也就是说，即使不通话，也可能发生雷击现象。当然，有些专家并不认同这种说法，其中一位就是长期从事高电压及防雷保护试验和科研工作的专家梅忠恕。他认为，"手机引雷"之说是没有科学依据的，只要能在安全的地方，即使是雷雨天也可以照样打手机。

电磁波是变化的电场和磁场传播行进的波，与传统物质不同，也不可能发生导电。如果手机的无线电电磁波能够导电，那么各种无线电、电视广播天线以及依靠无线电通信和导航的飞机也不可避免地要遭受雷击了，而我们充满电磁波的

雷电天气最好别打电话

生活空间也就成了"很好的导体"。

当然，在雷雨天气打电话时，通话肯定会受到干扰，其后果是通话者听见"咔咔"声，并不会出现"手机的无线频率跳跃性增强"的情况。因为手机的无线电信号频率是固定的，所以即使有雷电干扰，其频率也是不可能发生改变的。

关于"手机电磁波是否能使空气电离，电离后的空气是否可能导电"这个问题，梅忠恕指出，空气的游离分4种，即碰撞游离、光游离、热游离和表面游离，其中，与电磁波有关的是光游离。光游离是指气体分子在电磁射线作用下的游离。

气体分子的游离能决定使气体分子游离电磁波的波长。气体分子的游离能越大，要求电磁波的波长越短。在所有物质中，游离能最小的是金属铯蒸汽，它所产生的波长电磁波属于紫外线。可见光的波长比紫外线长，因此，光实际上是不起游离作用的。空气中各种气体分子，如氧、氮、水蒸气、二氧化碳以及稀有的氢、氦等，他们的游离能都比铯大几倍，光就更不可能使它们游离。手机的电磁波属于无线电电磁波的范畴，而无线电电磁波的波长比可见光的波长大得多，因此更不可能使空气分子游离。

杨维林是中国气象协会雷电防护委员会秘书长、高级工程师，他也认为，"手机引雷"之说缺乏科学依据，特别是频率功率方面。然而，如果处于较为空旷、海拔较高的地区最好关闭手机电源。

**你知道吗**

## 下雨打电话不可取

2013年4月4日下午2时，一位姓周的先生在雨中打电话被雷击中，被紧急送往医院治疗。当时周先生与几个朋友正在星沙街上行走，周先生肩上扛着一把伞，裤袋里放着一部手机，边走边用蓝牙耳机打电话。突然一道闪电袭来，裤口袋被引燃，手机也报废了。下半身多处被灼伤，后背也被烧伤，好在并没有生命危险。

# 常规防雷装置

常规防雷可分为防雷电直击、防雷电感应和综合性防雷。防雷电直击的防雷装置一般由三部分组成，即接闪器、引下线和接地体；接闪器又分为避雷针、避雷线、避雷带、避雷网。防雷电感应的防雷装置主要是低压ＳＰＤ（电涌保护器）。对同一保护对象同时采用多种防雷装置，称为综合性防雷。防雷装置要定期进行检测，防止因导线的导电性差或接地不良起不到保护作用。

## 1. 避雷针

避雷针的结构包括接闪器、支持构架、引下线和接地装置。

接闪器就是专门用作接收直接雷击的金属物体。接闪器的金属杆称为避雷针。避雷针顶端的那段焊接钢管、镀锌钢或镀锌扁铁等机械强度高、耐腐蚀和热稳定性好的材

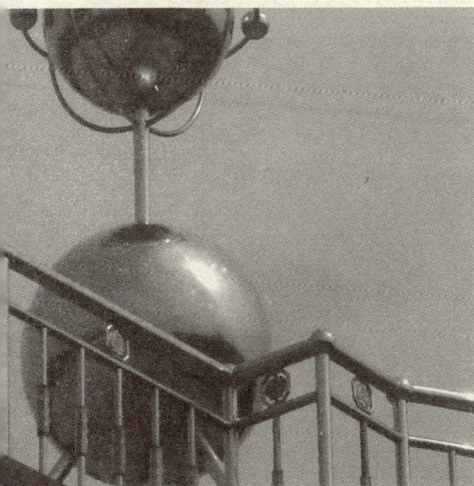

不锈钢避雷针

料,圆钢直径应大于 12 毫米,钢管直径应大于 20 毫米,作用是影响雷电下行先导的发展方向,使闪电击中接闪器,完成引雷。

支持构架是用来支撑接闪器的部件。高度在 15 米以下的独立避雷针可采用水泥杆;较高时应采用钢结构支柱。

引下线是连接接闪器与接地装置的金属导体。材料选用经过防腐处理的圆钢或扁钢等耐腐蚀和热稳定性好的材料,圆钢直径不得小于 8 毫米,扁钢截面不得小于 12 毫米 ×4 毫米。引下线在铺设的时候应沿支持构架及建筑物外墙以最短路径入地,使雷电流以最短时间导入大地,减小雷电流在引下线上产生的电压降。

接地装置是接地体和接地线的总和。有很多是埋于地下的各种型钢,工程中一般采用垂直打入地下的钢管、角钢或水平埋设扁钢、角钢。接地装置是避雷针将雷电流导入大地的最后装置,对接地电流系统,当 $IR \leqslant 2000$ 伏时对人身和设备是安全的,所以接地电阻要求要足够小才能保证安全。

避雷针的原理。一般认为地面上强大的湿热气流上升,进入稀薄大气层,冷凝成水滴或冰晶形成云,在气流上升的过程中,水滴因碰撞分裂,分裂部分有的带上正电荷,有的带上负电荷。带有不同极性电荷的水滴形成雷云,雷云在地面感应出电荷,雷云和雷云或大地之间形成强大的电场,电位差可达到几兆伏特甚至几十兆伏特。当雷云与大地之间场强大于大气电离临界强度时,就产生局部放电通道,由雷云边缘向大地发展,即为先导放电。当雷云先导电流接近地面时,地面上高耸物体顶部周围的电场达到能使空气电离和产生流注的强度,在它们的顶部发出向上发展的迎面先

钢架避雷塔

导，而避雷针安装在这些高耸物体的顶部，其高度高于这些物体，并且避雷针的顶部是尖端导体，尖端处电荷面密度大，因此避雷针顶部出现迎面先导的时间早于周围物体，最容易接通下行先导，使下行先导的发展方向走向避雷针，完成接闪过程。在完成接闪之后，通过引下线和接地装置将电流泄入大地，保护周围物体不受雷击。

避雷针的分类。国际上统称普通避雷针、带（线）、网为常规避雷针或富兰克林避雷针，称其他各种避雷针为异型避雷针。普通避雷针的有关特性将会在下列章节中论述，在这里主要介绍异型避雷针的有关知识。

（1）球头避雷针。当球头避雷针的球头半径大于雷击距离下其临界电晕半径时即 k=R／H=0.8～0.9，其中 k 为球头半径和临界电晕半径的比值，R 为球头半径，H 为临界电晕半径，其引雷分界线是一个椭圆。当球头避雷针的高度与被保护的物体高度相等或相近时，可能会使被保护物附近空间电场分布接近均匀，减少被保护物

被雷击的概率。

（2）限流避雷针。限流电阻可以减少主放电电流，但是也减少了上行先导的发展速度，所以限流避雷针的接闪能力降低，其保护范围也小于常规避雷针，在使用限流避雷针时，雷击避雷针之后会向被保护物放电，发生多点雷击的现象。

（3）脉冲避雷针。1987 年苏联学者提出在避雷针的上部加装圆球形或者圆盘形导体，并从理论和实验上证明了这种避雷针可以提高引雷能力。

（4）放射避雷针。放射避雷针使用放射性元素，但国内外模拟实验均证明了放射避雷针的防雷性能

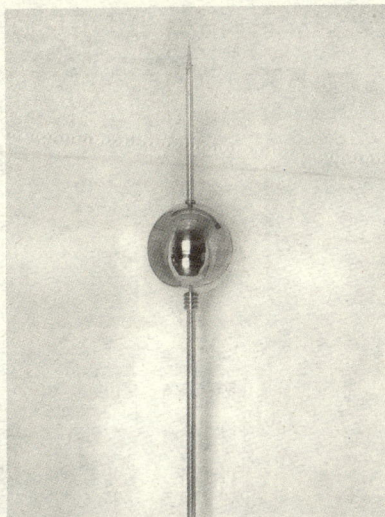

**球头避雷针**

和普通避雷针相同。但是使用了放射性元素，会在一定程度上发生放射性元素污染。

（5）主动式避雷针。在市场上出现一种主动式避雷针，其主要原理是：避雷针在大气电场变化时吸收能量，当存储的能量达到某一程度时便会在避雷针尖放电，尖端周围空气离子化，使避雷针上方形成一条人工向上的雷电先导，它比自然地向上的雷电通道能更早地与雷云向下雷电先导接触，形成主放电通道。这样，一方面可以使雷云向该避雷针放电的概率增加，相当于避雷针的保护范围增加，或者相当于将避雷针加高。

## 2. 避雷线

架设避雷线的作用是为了防止雷击避雷线所保护的架空输电线。目前在110～500千伏的架空输电线路中，避雷线一般采用钢绞线，从机械性能而言，具有很高的抗拉强度，然而国家定型杆塔所在的输电线路中，即避雷线悬点离地面的高度是一定值时，就要考虑避雷线的最大使用应力，从而使避雷线与导线配合，一方面达到使避雷线不至于拉得很紧，另一方面使避雷线的保护范围达到最大。

避雷线一般采用截面积不小于35毫米的镀锌钢绞线。它的防护作

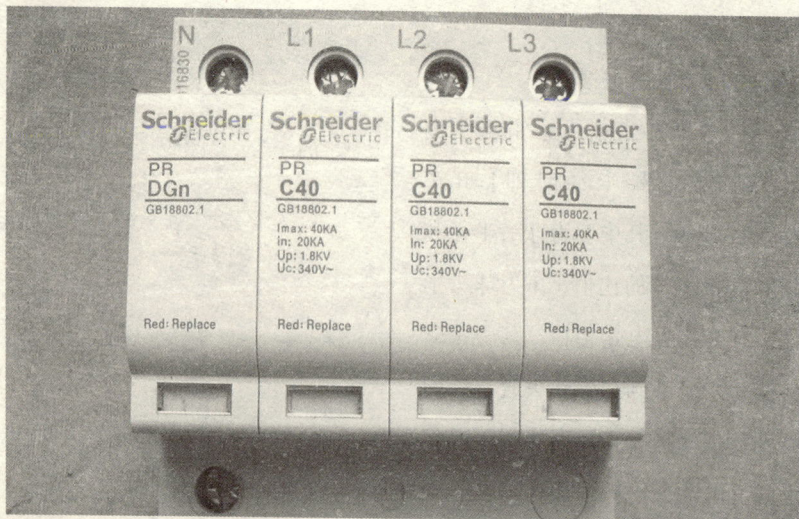

电涌保护器

用等同于在弧垂上每一点都是一根等高的避雷针。

### 3. 避雷带

是指在屋顶四周的墙或屋脊、屋檐上安装金属带做接闪器的防雷电方法。避雷带的防护原理与避雷线一样，由于它的接闪面积大，接闪设备附近空间电场强度相对比较强，更容易吸引雷电先导，使附近尤其比它低的物体受雷击的概率大大减少。避雷带的材料一般选用直径不小于8毫米的圆钢，或截面积不小于48立方毫米且厚度不少于4毫米的扁钢。

### 4. 避雷网

避雷网分明网和暗网。明网是将金属线制成的网，架在建（构）筑物顶部空间，用截面积足够大的金属物与大地连接的防雷方法。暗网防雷是利用建（构）筑物钢筋混凝土结构中的钢筋网进行雷电防护。

### 5. 电涌保护器（SPD）

电涌保护器是把因雷电感应而窜入电力线、信号传输线的高电压限制在一定范围内，保证电子设备不被击穿。

设备遭雷击受损通常有四种情况，一是直接遭受雷击而损坏；二是雷电电磁脉冲沿着与设备相连的信号线、电源线或其他金属管线侵入使设备受损；三是设备接地体在雷击时产生瞬间高电位形成"地电位反击"而损坏设备；四是设备安

大型建筑都可以采用综合性避雷

装的方法或安装位置不当,受雷电在空间分布的电场、磁场影响而损坏。加装SPD可把电器设备两端实际承受的电压限制在安全电压内,起到保护设备的作用。

### 6.综合性防雷

是相对于局部防雷和单一措施防雷的一种综合性防雷方法。设计时除针对被保护对象的具体情况外,还要了解其周围的天气环境条件和防护区域的雷电活动规律,确定雷电防护类别和主要技术参数,采取综合性防雷措施。

## 你知道吗

### 易燃易爆场所的防雷措施

对易燃易爆场所,除了做好直接雷击防护外,还应该根据国家规范做好对雷电电磁脉冲的防护。必须建立系统防雷,采取接闪、分流、屏蔽、等电位连接、共用接地、合理布线等综合防雷措施。具体防护措施有:

(1)完善直雷击防护。

(2)电源及信号线缆均屏蔽并两端接地。

(3)大的金属构件等电位连接。

(4)如果没有采取共用接地系统,则在不同接地系统之间安装地电位均衡装置。

(5)所有信号线路的进出,均按相应接口及电压做浪涌保护。

(6)信息设备共用的UPS前面加装电源浪涌保护。

# 防雷装置安全性能监管与维护

《防雷减灾管理办法》(中国气象局令第8号)第十九条规定:"投入使用后的防雷装置实行定期检测制度。防雷装置检测应当每年一次,对爆炸危险环境场所的防雷装置应当每半年检测一次。"第二十条规定:"对从事防雷检测的单位实行资质认定制度。省、自治区、直辖市气象主管机构负责本行政区域内的防雷检测单位的资质认定。具体办法由省、自治区、直辖市气象主管机构另行制定。"第二十一条规定:"具有防雷检测资质的单位对防雷装置检测后,应当出具检测报告。不合格的,提出整改意见。被检测单位拒不整改或者整改不合格的,由当地气象主管机构责令其限期整改。防雷检测单位必须执行国家有关标准和规范,保证防雷检测报告的真实性、科学性、公正性。"第二十二条规定:"防雷装置所有者应当指定专人负责,做好防雷装置的日常维护工作。发现防雷装置存在隐患时,应当及时采取措施进行处理。"第二十三条规定:"已安装防雷装置的单位或者个人应当主动申报年度检测,并接受当地气象主管机构和当地人民政府安全生产管理部门的管理和监督检查。"

《危险化学品安全管理条例》

第十六条规定："生产、储存、使用危险化学品的，应当根据危险化学品种类、特性，在车间、库房等作业场所设置相应的监测、通风、防雷，防静电等安全设施、设备，并按照国家标准和国家有关规定进行维护、保养，保证符合安全运行要求。"第二十三条规定："危险化学品专用仓库的储存设备和安全设施应当定期检测。"

《智能建筑工程质量验收规范》（GB50339—2003）第343条规定："检测机构应按系统检测方案所列检测项目进行检测。"《建筑防雷检测技术规范》%（DB50/2122.06）第四十二条规定："防雷检测工作由国家及地方有关法律法规规定的

化工仓库必须要有完善的避雷措施

法定机构完成，实施检测单位应具有相应的检测资质。"

根据上述规定和工作实际，建议明确防雷装置检测周期、检测单位资质管理和防雷装置维护要求。

**1. 检测周期**

防雷装置实行定期检测制度。即有防雷装置检测应当每年一次，对爆炸危险环境的防雷装置应当每半年检测一次，存在安全隐患的防雷装置实行不定期检测制度。

**2. 检测单位资质管理**

（1）资质等级。由于防雷检测工作类似于建设系统的工程质量监督站下属检测站工作性质，也跟监理公司从事的工程质量跟踪监督类似，因此可参考《工程监理企业资质管理规定》（建设部令第102号）第五条"工程监理企业的资质等级分为甲级、乙级和丙级，并按照工程性质和技术特点划分为若干工程类别。工程监理企业的资质等级标准如下：（一）甲级1. 企业负责人和技术负责人应当具有15年以上从事工程建设工作的经验，企业技术负责人应当取得监理工程师注册证书；2. 取得监理工程师注册证书的

人员不少于25人；3. 注册资本不少于1万元；4. 近三年内监理过五个以上二等房屋建筑工程项目或者三个以上二等专业工程项目等。"同时对一、二、三等工程进行了明确划分。因此对防雷装置检测应当设置行政许可。同时对申请条件应予明确，如甲级防雷装置检测单位应当具备如下条件：

①检测单位负责人和技术负责人应当具有15年以上从事防雷专业工程建设工作的经验，技术负责人应当取得防雷工程师注册证书。

②经其上级主管部门批准的专门从事防雷装置检测的机构。

③具有固定的办公场所和具有从事检测工作应配备的仪器设备、交通工具、通讯工具等和根据雷电闪电定位资料、卫星云图、雷达回波资料等进行雷电灾害的风险性分析及制定检测方案的能力，从事特殊行业防雷装置检测的单位应当具有专业的检测设备。

④持有防雷装置检测资格证的技术人员不得少于20人。

⑤注册资金不少于100万元。

⑥近三年内检测过五个以上二类以上防雷工程项目或者三个以上

防雷工程

一类防雷专业工程项目。

⑦单位具有完善的规章制度和质量管理手册。

（2）资质审批。防雷装置检测资质应当实行分级审批制度。甲级防雷装置检测资质，经省、自治区、直辖市气象主管机构初审同意后，由国务院气象行政主管部门组织专家评审，并提出评审意见；国务院气象行政主管部门根据评审意见审批。初审部门应当对防雷装置检测单位的资质条件和申请资质提供的资料审查核实。

对于乙、丙级防雷装置检测单位资质，由其所在省、自治区、直辖市气象主管机构审批，并报国务院气象行政主管部门备案。审批时限应当在20个工作日内作出认定，并颁发资质证书。未通过认定的，在认定决定做出后10个工作日内由认定机构出具书面凭证，退回原申请单位，并说明理由。

防雷装置检测资质的有效期为3年。每年实行年检制度，在有效期满3个月前，申请单位应当向原认定机构提出延续申请。

（3）检测报告。具有检测资质的单位对防雷装置检测后，应当出具检测报告。不合格的，提出整改意见。被检测单位拒不整改或者整改不合格的，由当地气象主管机构责令其限期整改。

防雷装置检测单位必须执行国家有关标准和规范，保证防雷装置检测报告的真实性、科学性、公正性。

从事防雷检测的单位，应当接受有关气象主管机构的监督管理。

高层建筑必须有完善的防雷避雷设施

检查。

### 3. 检测申报与日常维护

对于防雷装置所有者应当指定专人负责，做好防雷装置的日常维护工作。发现防雷装置存在隐患时，应当及时采取措施进行处理。

已安装防雷装置的单位或者个人应当主动申报年度检测。并接受当地气象主管机构和当地人民政府安全生产监督管理部门的管理和监督检查。

防雷工程的验收

气象主管机构可以组织对防雷检测单位作出的检测结论进行监督

你知道吗

## 防范雷电感应

为了防止雷电感应产生的高压，应将建筑物的镏金属设备、金属管道结构钢筋等予以接地。另外，建筑物屋顶也应妥善接地；对于钢筋混凝土屋顶，应将屋面钢筋焊成 6～12 米的网络，连成通路，并予以接地；对于非金属屋顶，应在屋顶加装边长 6～12 米金属网络，并予以接地。

# 现代防雷策略

### 1. 按地区规划统一防雷

雷暴现象的出现总是大范围的，就如台风的运行一样，是可以预测预知的，但是成灾的范围却不同，是无法预测预知的。20世纪之前，雷灾只是发生在落雷点，是局部小范围的，所以防雷就只能"各人自扫门前雪"。但是21世纪就不同了，个别地点落雷的雷灾范围却是大面积的，这是信息社会的必然现象。因此防雷的对策必须作相对的调整，气象部门完全有科技力量对雷击进行预报预警，并且对整个城市地区的防雷采取统一规划。

首先，应该运用雷电遥测定位

技术编制出全国的落雷密度图，使全国各单位和居民群众能清楚我国各地落雷的规律，在建筑选址时可以躲开易落雷区，特别是那些对闪

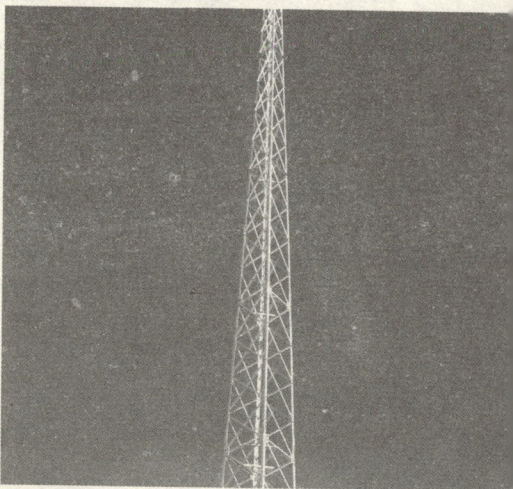

高耸的防雷塔

电敏感的部门，例如政府要害部门、卫星地面站、飞机场、电视发射台等。

其次，可以根据一个城市地区的地势、地质和大气运行等特点，适当布设统一的防直击雷设施，例如人工引雷（包括火箭引雷、激光引雷、高压水流引雷等），把闪电引向无人区；建消雷塔以削弱入境雷雨云的带电量等。这些引雷、消雷措施尚不成熟，需要国家投资进行研究、试点，但这种集中地区力量进行的区域防雷措施是完全可能成功的，只是需要投入时间和力量。

很显然，过去是家家户户都既要防直击雷又要防感应雷，投资大，困难多。由全地区统一防直击雷、经费省得多，一般建筑物就只需考虑防感应雷，这是可以实现的。

防雷工作兼有自然科学和人文科学两方面。闪电规律的研究纯属自然科学范畴，闪电的规律不会随人类社会的发展而改变。至于雷灾则是另一回事，它与人类社会状况紧密相关，必然随人类历史的发展而改变，不同的历史阶段，防雷的策略思想必须不同，也可以说，防雷应寻求人与自然的协调，要有长远的策略。

对人类而言，闪电有其有害的一面，也有其有利的一面。生命的起源有可能与闪电产生的高温高压有关，闪电的高温高压可使氮与氧合成氨肥。北京延庆地区是进行人工引雷的试验场所，庄稼生长特别好，因为闪电使雨水中溶有氨肥成分。太阳能加热地面与大气，使大气的剧烈运动转化为电能，这个巨大的能量为什么不可以利用起来为人类服务呢？所以人类防雷应该有长远打算的策略，应变害为利，这可能是一种大有希望的科学课题。

## 2. 躲、引、拒三种策略的运用

人们有句俗话："惹不起，躲得起。"这与孙子兵法的"36计走为上"是相似的。古人对待雷击的有效办法就是"躲"，只是没有可

肯尼迪航天中心

165

靠的理论指导。近代人遇上雷击，在没有较好措施的情况下，也采用"躲"的策略。最明显的就是火箭发射场的防雷，若遇雷暴来临，就停止工作，躲起来。雷电的检测预警就是为了躲得及时。1989年黄岛油库酿成大火，主要原因之一，就是忘掉了"躲"，不该在雷暴天气中往油罐输入油。在人们日常生活中也是如此，闪电临空时，把电视机等电子设备的插头（包括信号输入端的插头）全拔掉，就可保证不被雷击。

上述这种"躲"的策略，大多数人都是清楚的，但是在实践工作中却忘掉了。如美国的肯尼迪航天中心、日本的种子岛航天中心、中国的西昌航天中心都把火箭发射场建在雷电多发地区，这是最严重的失策。主要原因是当年没有预料到闪电对火箭发射有如此严重的祸害。

今天人们应该看到闪电袭击的严重性，在选择基建地址时，必须把"躲"的策略摆在首位。这样做之所以可能，是因为气象观测的长期统计结果显示雷击是有确定规律的，受到不可知的随机因素的影响不大。只要坚持长时间的对落地雷的监测定位工作，就可以画出雷击平均密度图，确定各地区的易落雷地带，就有较大的把握躲开直雷击。这样就可以把每个城市或地区的最易落雷的地点空出来，变为无人区，用人工引雷技术把闪电引到这种地点释放能量，犹如防洪水的蓄洪地区，并且可以利用闪电的能量。

肯尼迪航天中心经常受到雷电困扰

有意思的是闪电与大雷雨常是相伴的，而地面潮湿地带日晒之下有较多的水蒸气，与热空气一起上升，水汽颗粒的电荷分离常是雷雨云带电的主要原因，所以这些地区的上空易形成局部雷雨云，选择这种地点人工引雷的成功率高。在这种无人地区把引雷和蓄水结合起来，似乎有较大可能性。

不过人工引雷的"引"与富兰克林避雷针的"引"有同又有异，相同点是均把空中的闪电能量引导入地，不让它随机落地。只是两者引导入地的地点有极大差别，后者是在建筑物所在地，会对周围造成危害，包括电磁场能量引发石油等易燃物的燃烧，特别是对电子、电气设备的损坏等。而人工引雷则是把闪电引至无人区，远离对 L E M P 敏感的设备，所以它与"躲"是互相呼应的。

与"躲"的策略相呼应的另一策略是"拒"，就是不让闪电落到指定的建筑，而这种策略若与人工引雷的"引"结合使用，就可以使"拒"的策略更得到保证。庄洪春于2002年获国际发明博览会金奖的等离子避雷装置就是以"拒"的策略为思想的。

### 3. 综合防雷的思考

综合防避的战术简略介绍如下。

首先，必须从能量角度考虑。闪电的祸害作用首先是因为它在短时间内有较大的能量释放。每次闪电释放的能量并不太大，与台风相比差多了，可是瞬时内的功率则是异常巨大的，类似于一颗炮弹，在击中的局部地点有巨大作用。如果处理不当，会引发巨大灾害，如火灾、爆炸等。有些防雷器件本身经受不了这种瞬时功率而爆炸，反而导致火灾。所以在防雷战术上，必须考虑把闪电的能量引导到合适的地方释放掉，最常用最安全的措施就是引到大地中释放。所以接地是防雷战术上必须采用的。

其次，必须考虑让闪电从何处入地，就有了战术上的接闪。接闪器如何设计？安装在哪里？方式方法很多。从信息社会的特点看，最好的当然是用人工引雷的办法，把闪电引导到无人地带入地。

由于闪电行径的无规律性，以致闪电的能量常沿着各种输电和通

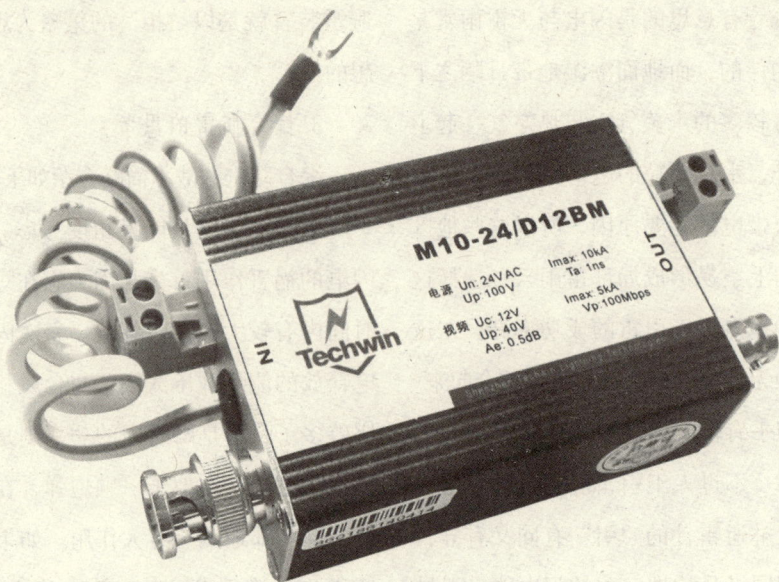

二合一防雷器

信网络传播，因此必须在这些线路上设置分流措施，使闪电能量入地，这些分流装置统称为避雷器，现在则称之为浪涌保护器或电涌保护器。总之它们都是起了拦截闪电能量并分流入地这种战术作用，没有良好的接地与之配合，就难以起到分流作用。这些起分流作用的器件自身当然也要经得起闪电功率的冲击。

但是仅有上述三种防雷战术是不够的，不可忘了闪电在三维空间里电磁场的巨大作用，即使是沿着电力线和信号线路的闪电电流也在导线周围产生电磁场，它们均可以进入各种电子、电气设备起破坏作用。不论多么昂贵的避雷器，都不能防止闪电辐射在三维空间的电磁脉冲的灾害，所以电磁屏蔽是综合防雷战术中不可缺少的极端重要的技术措施。

上述各项防避雷灾的战术要综合起来使用，缺一不可。

# 防范直击雷

防直击雷的主要措施是在建筑物上安装避雷针、避雷网、避雷带，在高压输电线路上方安装避雷线。一套完整的防雷装置包括接闪器、引下线和接地装置。避雷针、避雷线、避雷网、避雷带等，实际上都只是接闪器。

## 1. 接闪器

接闪器是利用其高出被保护物的突出地位，把雷电引向自身，然后通过引下线和接地装置把雷电电流泄入大地，以此保护被保护物免遭雷击。如果接闪器截面锈蚀30%以上时应予更换。

## 2. 引入线

引入线也很重要。如果引入线

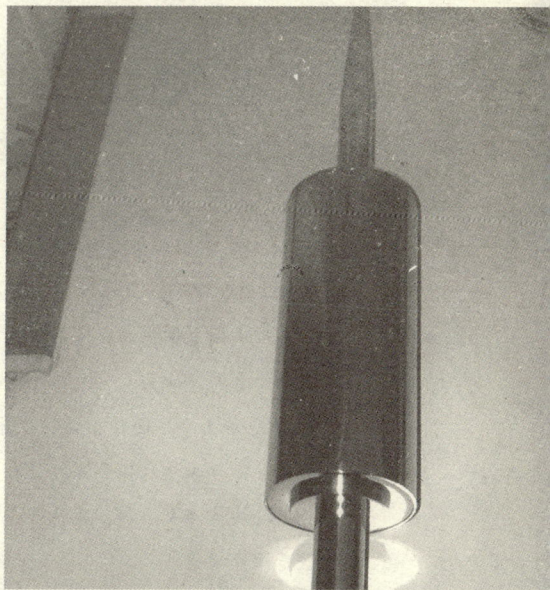

接闪器

断折或接地装置接触电阻太大，避雷器不仅起不到防雷作用，还能吸引雷电，增加建筑物遭雷击的机会。因此，引入线应满足机械强度、耐腐蚀和热稳定的要求。装置引入线时，应取最短的途径，要尽量避免弯曲，不得用铝线做防雷引下线。

青少年和儿童好奇心强，喜欢拉着引入线玩耍。父母和老师要经常教育叮嘱他们，以免它们遭遇雷电袭击。

### 3. 防雷接地装置

防雷接地装置与一般接地装置的要求大体相同，在用建筑防直击雷的接地装置电阻不得大于10～30欧。防雷装置承受雷击时，其接闪器引下线和接地装置都呈现很高的冲击电压，可能击穿与邻近导体之间的绝缘，发生剧烈的放电，这叫反击。由于反击，可能酿成火灾或爆炸事故，也可能引起人身事故。

为了防止反击，必须保证接闪器、引下线、接地装置与邻近的导体之间有足够的安全距离，即5～10厘米。为了防止跨步电压伤人，接地装置距建筑物的出入口和人行道的距离不应小于3米。

你知道吗

## 落地雷——闪电熔岩

闪电熔岩是怎么形成的？因为闪电熔岩形成条件非常苛刻：必须有落地雷、含有二氧化硅和氧化铝等成分的土壤和雨水环境三个条件，缺一不可。"落地雷"是形成闪电熔岩的先决条件，而"落地雷"又常发生在雷雨季节里，由云层携带的电荷与地面一种电荷相遇形成。

当落地雷击中地面时，瞬时电流产生，并达到3000℃以上的高温，将土壤里的硅、石英等相对良导体进行有序的熔化、气化，同时雨水和地面的低温又对其进行快速淬火冷却，从而形成玻璃质与新生矿物的混合体，这种混合岩石体就是闪电熔岩。

# 感应雷的防护

感应雷是指当雷云来临时地面上的一切物体，尤其是导体，由于静电感应，聚集起大量的雷电极性相反的束缚电荷，在雷云对地或对另一雷云闪击放电后，云中的电荷就变成了自由电荷，从而产生出很高的静电电压（感应电压）其过电压幅值可达到几万到几十万伏，这种过电压往往会造成建筑物内的导线，接地不良的金属物导体和大型的金属设备放电而引起电火花，从而引起火灾、爆炸、危及人身安全或对供电系统造成的危害。

## 1. 电源防雷

根据机房建设的要求，配电系统电源防雷应采用三级防护，由于避雷器生产厂家的设计思想各不相同，各种避雷器的性能特点也不尽一致。第一级主要用于保护整幢

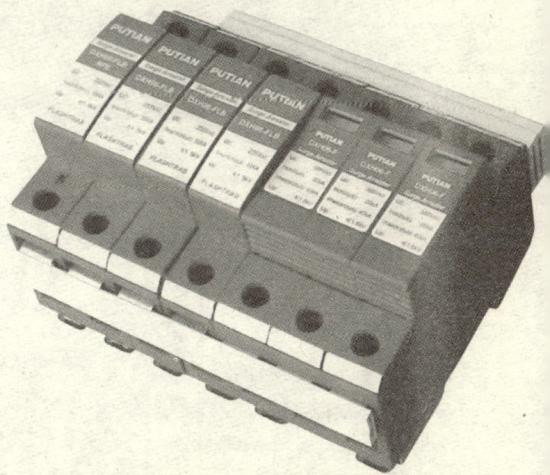

组合型电源防雷器

171

建筑物用电设备或单位的主要用电设备；第二级保护主要是机房内ＵＰＳ机房空调、照明等用电设备；第三级主要保护诸如单个计算机等终端设备。

### 2. 信息系统防雷

与电源防雷一样，通信网络的防雷主要采用通信避雷器防雷。通常根据通信线路的类型、通信频带、线路电平等选择通信避雷器，将通信避雷器串联在通信线路上。

### 3. 等电位连接

等电位连接的目的在于减小需要防雷的空间内各金属部件和各系统之间的电位差，以防止雷电反击。将机房内的主机金属外壳、UPS及电池箱金属外壳、金属地板框架、金属门框架、设施管路、电缆桥架、铝合金窗等电位连接，并以最短的线路连到最近的等电位连接带或其他已做了等电位连接的金属物上，且各导电物之间尽量附加多次相互连接。

### 4. 金属屏蔽及重复接地

在做好以上措施的基础上，还应采用有效屏蔽、重复接地等办法，避免架空导线直接进入建筑物楼内

金属接地

和机房设备，尽可能埋地缆进入，并用金属导管屏蔽。屏蔽金属管在进入建筑物或机房前重复接地，最大限度衰减从各种导线上引入的雷电高电压。

你知道吗

## 电感应和接地

如果自然导体（例如金属）A 通过导线接地，这时我们把带负电的材料 B 放到它附近，通过电感应，导体 A（接地）上的电子会远离带负电的材料 B。也就是说电子扩散进入地，使导体 A 只剩正电。

如果把材料 B 从导体 A 处移开，电子从地返回中和导体 A 中的正电荷。大地是巨大的负电荷储存器，其容量巨大足以储存并消散掉大量电荷。

与地接触的导体称为接地，用以释放不需要的电荷。迅速加热的闪电通道各部分气体急剧膨胀，强烈压缩附近的大气层产生冲击波，雷声是冲击波退化时的声发射。考虑到空气中的声速（在正常温度和压力下为 340 米／秒）和到达观察者的时间次序，这些声冲击波相互叠加，持续时间之久使人们往往能听到极远方的雷声。由于声波遇到的障碍形状不同产生声折射扰动，使该过程更加复杂。在 25 千米以外的距离处雷声很少能听到。另一方面，在其附近，雷声像鞭炮声，有时之前还有啸叫声。

# 人工影响雷暴的探索

20世纪70年代，美国极为昂贵重要的航天设备遭到雷灾，这一情况使他们对消雷发生了兴趣，于是美国的"闪电消除公司"应运而生，推出"消散阵系统（DAS）"，得到航天部门的广泛试用，英国的弗朗西斯和刘易斯股份有限公司则用"消雷器"的名称大批量生产。1973年施奈德引人注意地声称他的数千个尖端金属组成的阵列已获得成功，可以消雷。其实，这种多针板形式的消雷器并非什么新发明，与200多年前普罗科普·迪维奇发明的"气象机器"非常相似，在它之后21年利希滕贝格于1775年建议在房顶上挂起成串的带刺金属线来防护房屋不受雷击。可以说，这种企图利用大量尖端金属放电以中和云中电荷的想法，周期性时起时落地在历史

同时装有避雷针与消雷器的建筑

上出现,但是都因失败而销声匿迹。而只有富兰克林的避雷针始终经受考验,被广泛沿用至今。究其原因是,这些消雷器都消不了雷,而只起到引雷作用,与避雷针没有根本区别,可是它的构造复杂,价格较贵,市场经济的规律必然使它消亡。

雷电是一种概率性的现象,建筑受到雷击的概率较小,装上消雷器,几年之内,是看不出其实际效果的,国外航天部门组织过较长时间的观测与实验测定,作出的结论是这些消雷器不能消雷。有些地方已累次出现雷击的事件至少说明消雷的效果是不确切的,航天部门在当初试用消雷器时期为防意外仍保留避雷针,配合避雷器以及其他各种行之有效的防雷措施。我国的火箭发射基地也类似国外试用过早期推出的某种消雷器,可是它不但没有能够消雷,自身反倒受雷击毁。

我国开始研究消雷器也是航天部门提出来的,当时国外还对我国封锁,我们对世界上的科技进展所知甚少。改革开放以后我们渐渐得知外国的情况并派代表团到美国肯尼迪航天中心考察,具体了解这方面的情况,而我国火箭发射中心的

实践也证明了国外同行得到的结论。

在科学史上,有不少失败了的科研课题是有功的,他们为后来的科学发现奠定了功不可没的基础。最著名的例子就是热力学第一定律的建立,它是无数发明永动机(不消耗能永远做功的机器)的失败的总结。又如证明"以太"存在的实验,得出了否定的结论,可是它对相对论的建立却是有功的。所以,对于研究消雷器的工作应该用"一分为二"的观点去分析,从中吸取有益的东西,为以后的防雷技术作借鉴。

以往消雷器研究的失败,不等于消雷是不可能的。这只是说,以往的消雷器的原理不可能消除雷雨云中的电荷。如果根据雷电本身的规律,从而提出合理的方法,则消雷是可以做到的,近些年,这方面

电视塔变身"引雷塔"

的消雷研究已开始出现可喜的成果，学者们为这种研究起了一个学术名称，叫"人工影响大气过程"，有不少学者从失败中，不断总结，终于取得一些成功。

利用小火箭的人工引雷。这在火箭发射和野外重要作业上得到应用，把闪电引向无害地点，消除上空雷雨云的电荷，可以用来保证火箭的安全发射和野外施工。

利用激光引雷，或者用激光在大气中建造电离通道，从而消除雷雨云中的电荷。日本关西电力公司和大阪大学等单位已取得实验上的成功。

在积雨云中播撒冻结化合物抑制闪电。美国早在 1965~1967 年就做过大规模的对比试验，通过地面和飞机作业向积雨云大量播撒碘化银晶体，证明云中的闪电和云地闪次数显著减少，甚至影响了闪电的结构参数。

播撒金属箔丝抑制闪电，美国于 1965~1966 年在亚利桑那州用飞机在云底下方大气电场大于 $3 \times 10^2$ 伏 / 厘米的强电场区，均匀播撒大量金属箔丝，这些箔丝随上升气流进入云体，在几分钟内迅速在云中扩散开来，可看到云中出现电晕放电，10 分钟后这一强电场区便消失了。

### 你知道吗

## 古建筑防雷

我国古建筑上有许多称为"镇龙"的设施实为避雷装置。

这些"镇龙"装置与近代避雷针的避雷原理相同。我国一些古塔的尖端常涂一层有色金属膜，采用容易导电的材料与直通到地下的塔心柱相连，柱下端又与贮藏金属的"龙窟"相连。还有许多古建筑物的屋顶有着一种叫做龙的装饰物，它的头仰向天空，张着嘴，向上伸出的舌头是一根尖端的金属芯；另一端和埋藏在地下的金属相连，能让雷电跑到地底下去而不损坏建筑物。另外，在许多古塔与宫殿上设置"鸱尾"，在屋顶上设置动物状的瓦饰，在高大殿宇里常设有所谓"雷公柱"之类的避雷柱。这些设施都与大地相通，形成了良好的导电通道。

# 第四章

# 现场救护——雷电灾害的自救

"雷电袭击能置人于死地"，这一点当然所有的人都知道。然而每到雷雨季节遭雷击死亡的事件时有发生，主要发生在旷野，有的时候也会发生在室内和建筑物附近。那么，在雷电天气里，应该学会怎样的自救互救呢？

# 雷电伤人的方式

在雷击灾害中，我们对雷电伤害人身的事故特别关注。一般来讲，当云与大地之间产生雷电释放的现象发生时，雷电电流从云中泄放到地面，才会对人的活动造成重大的影响。

总结来说，雷电对人的伤害方式有四种，即：直接雷击、接触电压、旁侧闪击和跨步电压。

## 1. 直接雷击

在雷电现象发生的时候，如果

闪电伤人事件每年都有发生

闪电直接袭击到人体，那就是直接雷击。因为人体是一个很好的导体，雷电电流可以从人的头部一直通过人体到双脚，流入到大地。因此，一旦人遭到雷击，后果不堪设想，严重者死亡。

### 2. 接触电压

在雷电电流通过一些高大物体的时候，强大的雷电电流，会在高大导体上产生高达几万到几十万伏的电压，如高的建筑物、树木、金属构筑物等。在雷雨天，如果有人碰触到这些物体，就会被高压所袭击，发生触电事故。

### 3. 旁侧闪击

在雷电击中一个物体的时候，强大的雷电电流会通过物体泄放到大地。通常情况下，电流是最容易通过电阻小的通道穿流，由于人体的电阻很小，所以当人在被雷击中的物体旁边时，就会受到雷击。

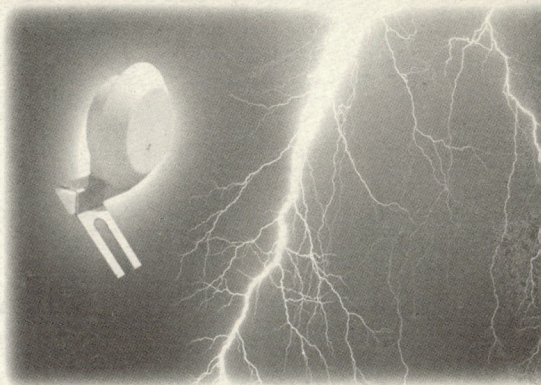

雷击与高压电击很相似

### 4. 跨步电压

在雷电从云中泄放到大地的时候会产生一个电位场。电位与雷击点有很大关系，如越靠近地面雷击点的地方电位越高，远离雷击点的电位就越低。在雷击发生的时候，由于人的两脚站的地点有不同电位，这种电位差在人的两脚间就产生电压，此时电流就容易通过人的下肢。跨步电压会随着两腿之间的距离增大而变大。

# 现场急救基本常识

## 1. 怎样为被击者把脉

脉搏是心脏搏动时把血液从心脏挤压到动脉而引起的动脉搏动。因此,脉搏与心脏搏动应该是一致的。也就是说,通过把脉就能判断心脏的搏动情况。把脉简单、易学,是急救时重要的判断指标。

正常人脉搏次数为每分钟60~80次,脉律是规则、明显的,容易摸到。脉搏过快或过慢都属异常。脉搏过快说明心动过急,过慢说明心动过缓。脉律不规则,忽快忽慢或跳跳停停说明心律不齐。脉搏微弱,不易摸到,说明被击者已经休克,病情严重。摸不到脉搏跳动,说明被击者的心跳很可能已停止。

常用的把脉方法有两种:摸桡动脉。桡动脉在手腕掌面的大拇指侧,最容易摸到。摸桡动脉时可以感到手腕部有一根大筋(肌

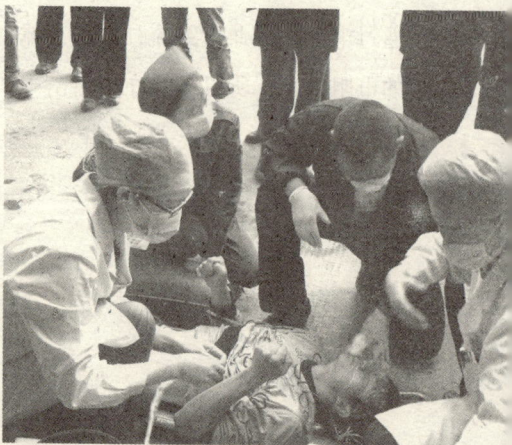

伤员的现场救治

腱），在它的旁边、大拇指侧就是桡动脉。

方法：将被击者的手掌朝上，用你的食指、中指、环指指肚轻压在桡动脉上，感觉动脉的搏动情况。

摸颈动脉。一般情况下摸桡动脉就可以了，但当被击者休克时桡动脉搏动不明显，不容易摸到，这时就需要摸颈动脉。颈动脉在颈部的两侧，当人抬头的时候颈部两侧各有一大条隆起的肌肉，叫做胸锁乳突肌。这条肌肉的前缘深部就是颈动脉。颈动脉是人体的大动脉，搏动有力。

方法：将食指、中指、环指并拢放在胸锁乳突肌前缘，用三个手指肚向深部轻压，感觉颈动脉的搏动情况。

## 2. 怎样判断呼吸

呼吸是人的生命保证，人的呼吸一刻也不能停止，没有呼吸人就会死亡。正常人平静呼吸时自己没有感觉，也不会感到呼吸费力。人在呼吸时胸部和腹部会出现上下起伏。当发生急症时，需要判断被击者的呼吸是否存在、是否正常。呼吸过快或过慢都不正常，当呼吸停

止时应立即抢救。

方法：观察被击者呼吸情况时，应让被击者仰卧，解开外衣衣扣，观察被击者的胸部和腹部有没有起伏动作。

如果有起伏动作，说明有呼吸。继续数一分钟，监测被击者每分钟呼吸多少次，同时看呼吸时是否费力。哮喘被击者和气管堵塞的被击者呼吸费力，呼气时间较长。

如果看不到被击者的胸部和腹部有起伏动作，说明其呼吸可能已停止。这时要将自己的一只耳朵贴近被击者的口、鼻部，仔细感觉是否有气流声。若能听到气流声，说明被击者有呼吸，只是呼吸较弱；若听不到气流声，说明被击者已没

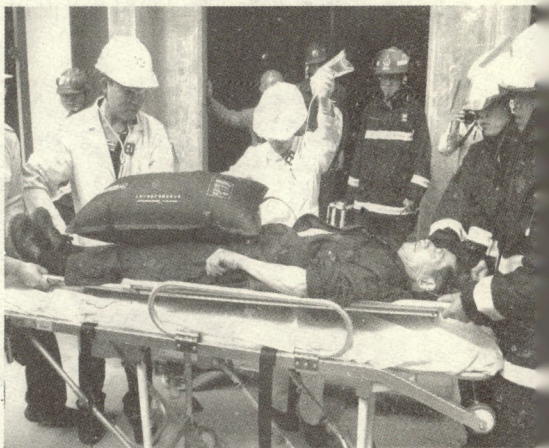

简单救治后的转移

有呼吸，须立即实施抢救。

### 3. 怎样判断昏迷

昏迷是一种危重急症，脑血栓、脑出血、脑外伤、心肌梗死中毒等情况下，被击者都有可能发生昏迷。昏迷时被击者意识消失，呼之不应，四肢瘫软，不会自主活动。

方法：判断昏迷时，先叫被击者姓名，或用手轻拍被击者的肩部，并问："你怎么啦？"被击者若没有反应，说明可能发生了昏迷。也可以用手指尖轻碰被击者的眼睫毛，正常人会眨眼，完全昏迷被击者无眨眼动作。还可用拇指指甲掐被击者的人中（上唇中央凹陷处），正常人会有躲避反应，完全昏迷的人没有躲避反应。

### 4. 怎样叩击胸部

当被击者心跳停止时，及时用拳头叩击被击者胸部，能产生强大的震动，使停跳的心脏重新跳动，起到起死回生的作用。因此，胸部叩击是救命的一击。曾有一位被击者心跳突然停止，医生虽然对其进行了胸外按压，但其心跳仍没有恢复。这时，医生在被击者胸部叩击两下，被击者的心跳就能立刻恢复了。所以，关键时刻伸出你的拳头，可能会使一个人重新获得生命。

方法：在确定被击者心跳停止后，救治者立刻将一只手平放在被击者胸部中间，另一只手握拳，用力叩击放在被击者胸部的手背两下，或用拳头直接叩击被击者的胸部，也可以用一只手的手掌用力拍击被击者的胸部。然后立刻摸脉搏，如果被击者有脉搏，说明抢救成功。

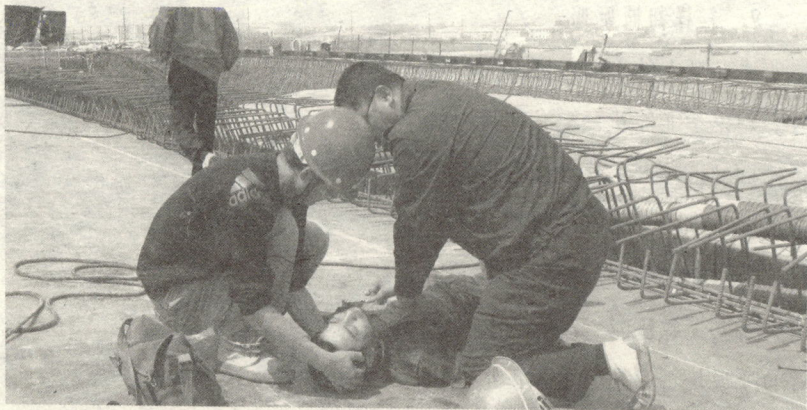

扣胸急救

如果仍然没有脉搏，要继续做胸外心脏按压。

值得注意的是，胸部叩击要及时，如果被击者心脏停止搏动时间较长再叩击则不易成功。叩击时要有一定的力度，用力过轻起不到作用，但也不要用力过大，以免损伤被击者胸部。

### 5. 怎样保持呼吸道通畅

保持被击者呼吸道通畅是急救的前提。如果被击者呼吸道不通畅，无论怎么抢救也不会成功，这是因为氧气不能顺利进入被击者体内。所以，紧急救助时首先要保持被击者的呼吸道通畅。

方法：

（1）将被击者置于平卧位，双手抱住被击者的头部两侧，轻轻把被击者的颈部摆直，使头部后仰，这样被击者的气管是直的，最容易呼吸。

（2）颈部较短、较粗的被击者，舌头容易后坠，堵住咽喉部而影响呼吸。这样的被击者喘气时常有打呼噜声。遇到这样的被击者，可用双手把被击者的下颌角（腮下方的骨突）托起，减轻舌后坠对呼吸的影响。

（3）将呕吐被击者的头偏于一侧，防止呕吐物吸入气管。及时清理被击者口腔内的呕吐物。

（4）被击者口腔内如有东西堵塞，要用手指将其抠出。

# 雷电灼伤的抢救原则

雷击人体时的电流热效应可引起电灼伤。不过，电灼伤与一般烧伤不同，尚有电休克，如神志丧失、头晕、恶心、心悸、耳鸣、乏力等现象出现，重者可发生呼吸、心搏骤停。还有雷击后较迟出现的白内障及神经系统的损伤等。

雷击后抢救原则：

（1）如果遭受雷击者衣服着火，可往身上泼水，或者用厚外衣、毯子将身体裹住以扑灭火焰。着火者切勿惊慌奔跑，可在地上翻滚以扑灭火焰，或趴在有水的洼地、池中熄灭火焰。

（2）注意观察遭受雷击者有无意识丧失和呼吸、心搏骤停的现象，先进行心肺复苏抢救，再处理电灼

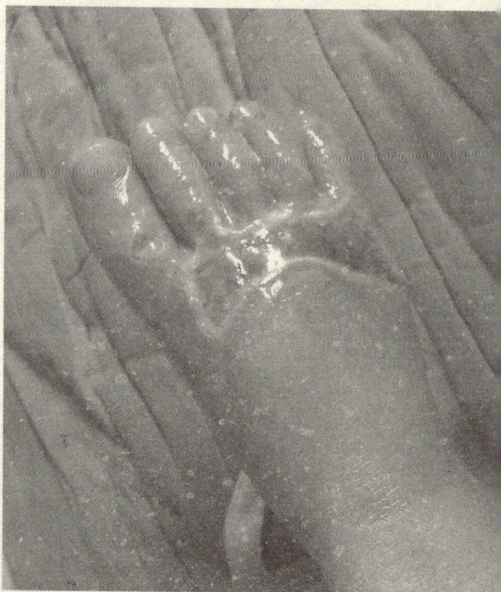

轻度灼伤处理

伤创面。

（3）电灼伤创面的处理，用冷水冷却伤处，然后盖上敷料，例如，把清洁手帕盖在伤口上，再用干净布块包扎。

冷疗是在烧伤后将受伤的肢体放在流动的自来水下冲洗或放在大盆中浸泡，若没有自来水，可将肢体浸入井水、河水中。冷疗可降低局部温度，减轻创面疼痛，阻止热力的继续损害及减少渗出和水肿。冷疗持续的时间多以停止冷疗后创面不再有剧痛为准，为0.5～1小时。水温一般为15～20℃，有条件者可在水中放些冰块以降低水温。

冷疗对创面有一定的机械清洗作用，创面多较干净，有水疱者不要弄破，也不要将疱皮撕去，以减少创面受感染的机会。创面不要涂有颜色的药物或覆盖有油脂的敷料，以免影响创面深度的估计与处理。要用干净、清洁的被单或敷料包裹保护创面，然后将伤者就近送医院接受进一步治疗。

原则上应送到就近医院。如就近医院无条件治疗需要转送者，应掌握运送时机，要求伤者呼吸道通畅，无活动性出血，休克基本得到控制，转运途中要输液，并采取抗休克措施，且注意减少途中颠簸。

## 你知道吗

### 9岁儿童灼伤面部

2012年6月2日凌晨6时，一场强降雨笼罩了整个保山城。天空突然响起一声炸雷，一声巨响之后，隆阳区红花村赵先生的住宅楼遭到了雷击，老赵家的屋顶被雷电击穿了1个大窟窿，屋顶山墙高约1米的墙体倒塌，房屋门窗破裂，家中电器全部损坏，9岁的小儿子被雷电灼伤了面部。

# 身上被雷击着火怎么办

人身上的衣服着火后，常出现这样一些情形：有的人皮肤被火灼痛，于是惊慌失措，撒腿便跑，谁知越跑火烧得越大；有的人发现自己身上着了火，吓得大喊大叫，胡乱扑打，反而使火越扑越旺。上述情形说明，人身上衣服着火后，既不能奔跑，也不能扑打，是因为人一跑或者扑打反而加快了空气对流而促进燃烧，火势会更加猛烈。跑，不但不能灭火，反而将火种带到别的地方，有可能扩大火势，这是很危险的举动。

正确、有效的处理方法如下：

当人身上穿着几件衣服时，火一下是烧不到皮肤的，此时，应将着火的外衣迅速脱下来。有纽扣的

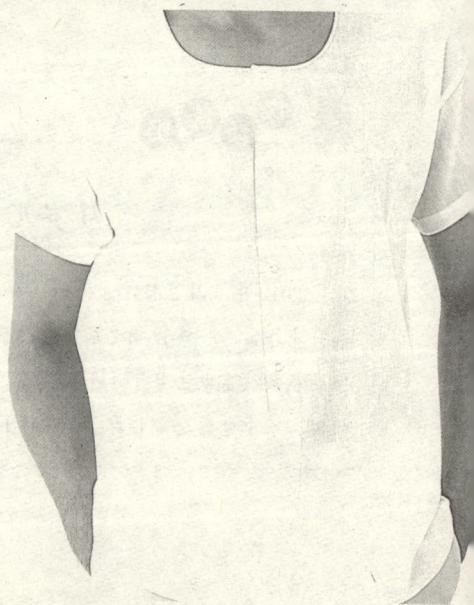

夏季衣物着火要尽快脱掉

衣服可用双手抓住左右衣襟猛力撕扯将衣服脱下，不能像往日那样一个一个地解开纽扣，因为时间来不及。如果穿的是拉链衫，则要迅速拉开拉锁将衣服脱下。然后立即用脚踩灭衣服上的火苗。

人身上如果穿的是单衣，着火后就有可能被烧伤。如果发现得及时，且脱掉衣服很容易，就应该立即脱掉着火的衣服。如果身上的衣物不方便立即脱掉，当胸前衣服着火时，应迅速趴在地上；背后衣服着火时，应躺在地上；前后衣服都着火时，则应在地上来回滚动，利用身体隔绝空气，覆盖火焰，压灭火苗。但在地上滚动的速度不能因

为怕烧伤而过快，否则火也不容易压灭。

如果近处有河流、池塘，可迅速跳入浅水中。但若人体已被烧伤，而且创面皮肤上已烧破时，则不宜跳入水中。切忌用灭火器直接向着火人身上喷射，因为这样做既容易造成伤者窒息，又容易因灭火器的药剂而引起烧伤的创口产生感染。

如果有两个以上的人在场，未着火的人需要镇定、沉着，立即用随手可以拿到的被褥、衣服、笤帚等朝着火人身上的火点覆盖，或帮他撕下衣服，或用湿麻袋、毛毯把着火人包裹起来。

## 灾难回顾

2009年2月24日12点30分左右，江苏省泰兴市姚王镇陆庄村上空天色突然阴沉下来，不一会儿，电闪雷鸣，当地一些村民正在农田里干活，其中就有65岁的陈老太。这时，一个村民看到，一道耀眼的闪电过后，紧接着一声巨响，只见附近不远处的陈老太身上着火后，应声倒地，村民们马上聚拢过来，只见其头发被烧光，衣服被烧焦，面目全非，臀部还被击出一个洞，已经身亡。

# 如何搬运被击者

根据现场情况分为紧急搬运和非紧急搬运。紧急搬运适合于现场环境危险，伤者需要更换卧姿以便于紧急施救，心肺复苏时需要平硬地面；免于阻碍其他伤者的急救。非紧急搬运适合于经现场急救后将伤者搬运到急救车上或急救站内。

现代各种灵巧、实用搬运工具的研发并投入急救使用，住房和道路交通条件的改善，为正确、规范和科学的现场急救搬运创造了良好的条件。

## 1. 徒手搬运

徒手搬运是指在搬运伤者过程中凭人力和技巧，不使用任何器具的一种搬运方法。该方法常适用于狭窄的阁楼和通道等担架或其他简易搬运工具无法通过的地方，伤者处境危险需紧急搬运时。此法虽实

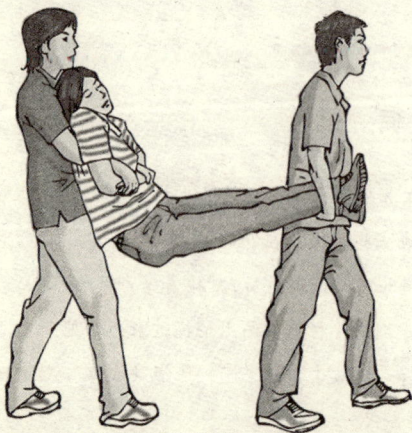

正确的伤者搬运

用但因其对搬运者来说比较劳累，有时容易给伤者带来不利影响，尤其不适合体重较重的伤者。单人徒手搬运常常用于危险环境、紧急情况，例如：灾害事故现场一定不要拘泥于形式，就地取材争取时间，常用扶、抱背、拖等方法：

（1）扶持法：此法适用于搬运伤病较轻、不能行走的伤者，如头部外伤、锁骨骨折、上肢骨折、胸部骨折、头昏的伤者。扶持时救护者站在伤者一侧，将其臂放在自己肩、颈部，一手拉伤者手腕，另一手扶住伤者腰部行走。作用是不仅给伤者一些支持，更主要能体现对伤者的关心。

（2）抱持法：适用于不能行走的伤者，如较重的头、胸、腹及下肢伤或昏迷的人。抱持时救护者蹲于伤者一侧。一手托其背部，一手托其大腿，轻轻抱起伤者，伤者（神志清者）可用手扶住救护者的颈部。

（3）背负法：救护人员先蹲下，然后将伤者上肢拉向自己胸前，使伤者前胸紧贴自己后背，再用双手抱住伤者的大腿中部，使其大腿向前弯曲，救护人员的双手绕过伤者

的大腿抓住自己的腰带。然后救护人员站立后上身略向前倾斜行走。呼吸困难的伤者，如心脏病、哮喘、急性呼吸窘迫综合征等，以及胸部创伤者不宜用此法。如伤者卧于地上、不能站立，则救护者躺于伤者一侧，一手紧握伤者肩部，另一手抱起伤者的腿用力翻身，使其负于自己背上，慢慢站起来。

（4）拖拉法：抢救时救护者站在伤者背后，两手从其腋下伸到其胸前，先将伤者的双手交叉，再用自己的双手握紧伤者的双手，并将自己的下颌放在其头顶上，使伤者的背部紧靠在自己的胸前慢慢向后退着走到安全的地方。

**2. 其他搬运方法**

在进行其他现场救人徒手搬运时，没有搬运工具或山坡、沟壑不能使用担架等搬运工具。常用方法有如下四种：

（1）椅托式：两救护员在伤者两侧，各以右和左膝跪地，将一只手伸入伤者大腿之下并互相握紧，另一只手交叉扶住伤者背部。

（2）拉车式：由一个救护人员站在伤者的头部，两手从伤者腋下

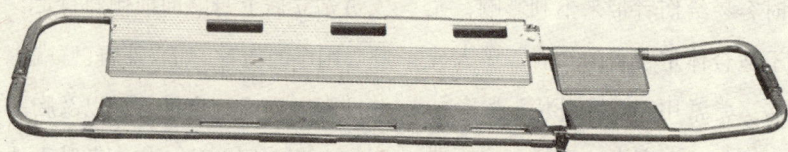
条件允许的情况下尽量采用担架搬运

抬起，将其头背抱在自己怀内，另一救护员蹲在伤者两腿中间，同时用手夹住伤者的两腿面向前，然后两人步调一致慢慢将伤者抬起。

（3）平拖式：两救护者站在伤者同侧，一人用手臂抱住伤者的肩部、腰部，另一人用手抱住伤者的臀部，齐步平行走。

（4）双人搭椅：由两个救护人员对立于伤者两侧，然后两人弯腰，各以一手伸入伤者大腿下方而相互十字交叉紧握，另一手彼此交替支持伤者背部，或者救护人员右手紧握自己的左手手腕，左手紧握另一救护人员的右手手腕，以形成口字形。这两种不同的握手方法，都因形成类似于椅状而命名。

# "假死"与人工呼吸

伤者被雷击的电灼伤只是表面现象，最危险的是对心脏和呼吸系统的伤害。通常被雷击中的伤者，常常会发生心脏突然停跳、呼吸突然停止的现象，这可能是一种雷击"假死"的现象。要立即组织现场抢救，将伤者平躺在地，进行口对口的人工呼吸，同时要做心外按摩。如果不及时抢救，伤者就会因缺氧死亡。另外，要立即呼叫急救中心，由专业人员对伤者进行有效的处置和抢救。

人工呼吸法有多种，以口对口（鼻）人工呼吸法最为简单且易掌握，效果也最好，同时还可以与胸外心脏挤压法配合进行。

常用的人工呼吸法有：口对口呼吸法、口对鼻呼吸法、举臂压胸人工呼吸法和举臂压背人工呼吸法等几种。

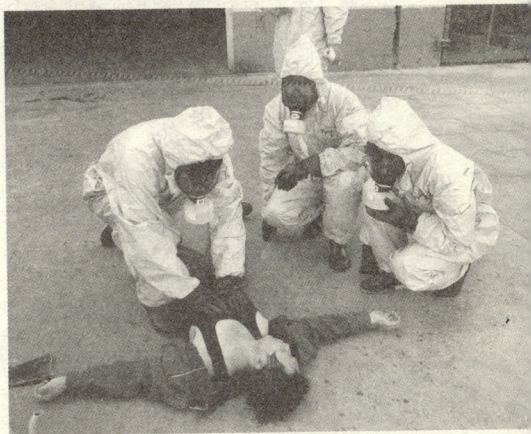

人工呼吸

### 1. 口对口呼吸法

伤者取仰卧位，抢救者一手放在伤者前额，并用拇指和食指捏住伤者的鼻孔，另一手握住颌部使伤者头部尽量后仰，保持气道开放状态，然后深吸一口气，张开口以封闭伤者的嘴周围（婴幼儿可连同鼻一块包住），向伤者口内连续吹气2次，每次吹气时间为 1 ~ 1.5 秒，吹气量 1000 毫升左右，直到伤者胸廓抬起，停止吹气，松开贴紧伤者的嘴，并放松捏住鼻孔的手，将脸转向一旁，用耳听是否有气流呼出，再深吸一口新鲜空气为第二次吹气做准备，当伤者呼气完毕，即开始下一次同样的吹气。

### 2. 口对鼻呼吸法

当伤者有口腔外伤或其他原因导致口腔不能打开时，可采用口对鼻吹气。首先开放伤者气道，头后仰，用手托住伤者下颌使其口闭住。深吸一口气，用口包住伤者鼻部，用力向伤者鼻孔内吹气，直到其胸部抬起，吹气后将伤者口部掰开，让气体呼出。如吹气有效，则可见到伤者的胸部随吹气而起伏，并能感觉到气流呼出。

### 3. 举臂压胸人工呼吸法

伤者仰卧位，两上肢分别平放于躯干两侧，急救者双膝跪在伤者头顶端，用双手握住伤者的两前臂（接近肘关节的地方），并将其双臂向上拉，与躯体呈直角。

将双臂向外拉，使伤者的肢体呈十字状，维持此姿势 2 秒钟，使伤者的胸廓扩张，引气入肺（即吸气）；接着再将伤者的两臂收回，使之屈肘放于胸廓的前外侧，对着肋骨施加压力。

持续 2 秒钟，使其胸廓缩小挤气出肺（即呼气）。如此往复，直至伤者恢复自主呼吸或确诊死亡为止。伸臂压胸的频率为每分钟 14 ~ 16 次。

### 4. 举臂压背人工呼吸法

伤者取俯卧位，头偏向一侧，腹部稍垫高，两臂伸过头或一臂枕在头下，使胸廓扩大。急救者跪在伤者头前，双手握住其两上臂（接近肘关节的地方），并向上拉过其头部，使空气进入肺内，然后将两臂放回原位；急救者双手撑开，压迫伤者两侧肩胛部位，使其肺内的气体排出。如此反复进行。

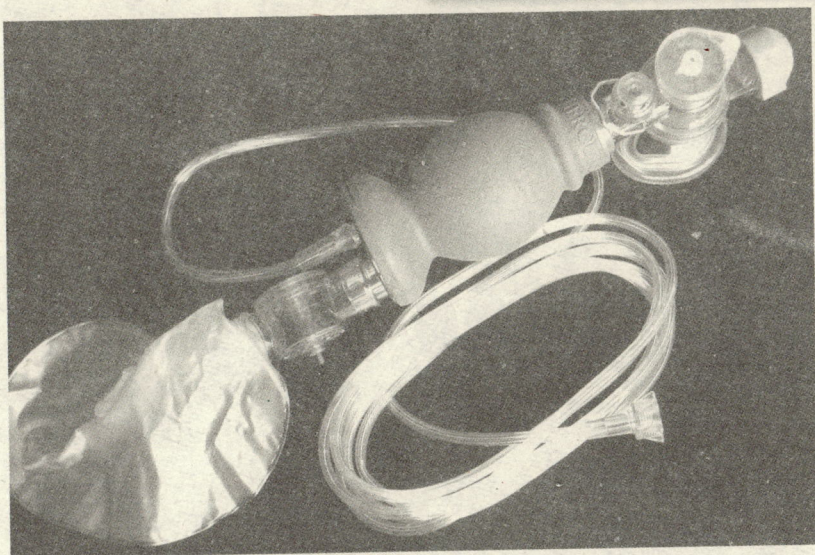

人工呼吸器

做人工呼吸时的注意事项：

（1）解开伤者衣领、内衣、裤带、乳罩，以免胸廓受压。

（2）仰卧人工呼吸时必须拉出伤者舌头，以免舌头后缩阻塞呼吸。

（3）一般情况下应就地做人工呼吸，尽量少搬动。

（4）将伤者抬置空气流通的场所。使其头后仰，可在肩下垫枕头或其他物品，使其气管顺直。

（5）人工呼吸要有节奏（每分钟16～20次），并耐心地进行，直到自主呼吸恢复或者死亡症状确已出现为止。

# 心肺复苏术

心肺复苏术是对心脏骤停被击者所采取的急救措施。一旦发现被击者的心脏骤停，应迅速将被击者仰卧，抢救者用半握拳在被击者的心前区上反复敲击。如果敲击 3～5 次心脏搏动仍未恢复，则应立即改换胸外心脏按压术抢救。

## 1. 单人心肺复苏术

（1）操作要领：

①首先判定被击者神志是否丧失。如果无反应，一面呼救，一面摆好被击者体位，打开气道。

②如被击者无呼吸，即刻进行口对口吹气2次，然后检查颈动脉，如脉搏存在，表明心脏尚未停搏，无需进行体外按压，仅做人工呼吸即可，按每分钟12次的频率进行吹气，同时观察被击者胸廓的起落。一分钟后检查脉搏，如无搏动，则人工呼吸与心脏按压同时进行。抢

心肺复苏术

救者面对被击者,跪在其身体一侧。抢救者两肘关节伸直,双手重叠,将手掌腕部压在被击者胸骨中线下段、两乳之间。抢救者靠自己的臂力和体重有节律地向脊柱方向垂直下压后突然放松,如此反复进行。成年被击者每分钟挤压60～80次。抢救者在被击者胸部加压时,不可用力过猛,动作切忌粗暴。同时,挤压位置要正确,若位置过左过右或过高过低,则不仅达不到救治目的,反而容易折断被击者肋骨或损伤其内脏。

另外,为避免在按压时被击者呕吐物倒流或吸入气管,在做胸外心脏按压前,应将被击者的头部放低些,并使其面部偏向一侧。

③按压和人工呼吸同时进行时,其比例为15:2,即15次心脏按压,2次吹气,交替进行。操作时,抢救者同时计数1、2、3、4、5、…、15次按压后,抢救者迅速倾斜头部,打开气道,深呼气,捏紧被击者鼻孔,快速吹气2次。然后再回到胸部,重新开始心脏按压15次。如此反复进行,一旦心跳开始,立即停止按压。

（2）注意事项:单人进行心肺复苏抢救1分钟后,可通过看、听和感觉来判定有无呼吸。以后每4～5分钟检查1次。操作时,中断时间最多不得超过5秒钟。

一旦心跳开始,立即停止心脏按压,同时尽快把被击者送到医院继续诊治。

**2. 双人心肺复苏术**

双人心肺复苏法是指两人同时进行徒手操作,即一人进行心脏按压,另一个进行人工呼吸。

（1）操作要领:双人抢救的效果要比单人进行的效果好。按压速度为1分钟60次。心脏按压与人工呼吸的比例为5:1,即5次心脏按压,1次人工呼吸,交替进行,如此反复,直到被击者恢复呼吸、心跳或确诊死亡为止。

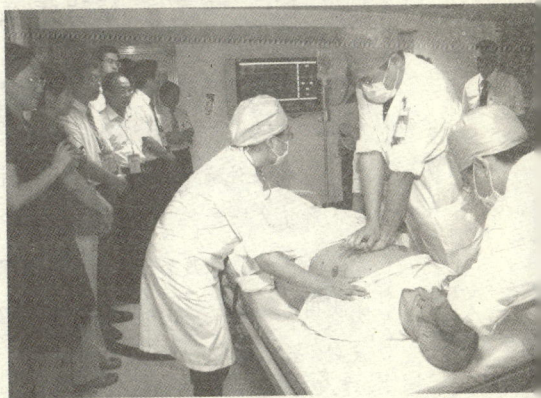

双人心肺复苏术

（2）注意事项：操作时，中断时间最多不得超过5秒。

什么时候停止心脏按压好呢？首先触摸被击者的手足，若温度略有回升的话，则进一步检查颈动脉搏动，是心跳开始的证据，此时应立即停止心脏按压。

### 3. 心肺复苏有效的指标

经现场心肺复苏后，可根据以下几条指标考虑是否有效。

（1）瞳孔：若瞳孔由大变小，复苏有效；反之，瞳孔由小变大、固定、角膜混浊，说明复苏失败。

（2）面色：由发绀转为红润，复苏有效；变为灰白或陶土色，说明复苏无效。

（3）颈动脉搏动：按压有效时，每次按压可摸到1次搏动；如停止按压，脉搏仍跳动，说明心跳恢复；若停止按压，搏动消失，应继续进行胸外心脏按压。

（4）意识：复苏有效，可见被击者有眼球活动，并出现睫毛反射和对光反射，少数被击者开始出现手脚活动。

（5）自主呼吸：出现自主呼吸，复苏有效，但呼吸仍微弱者应继续口对口人工呼吸。

你知道吗

## 心肺复苏终止的指标

一旦进行现场心肺复苏，急救人员应负责任，不能无故中途停止。又因心脏比脑较耐缺氧，故终止心肺复苏应以心血管系统无反应为准。

若有条件确定下列特征，且进行了30分钟以上的心肺复苏，才可考虑终止心肺复苏。

脑死亡，深度昏迷，对疼痛刺激无任何反应。自主呼吸持续停止。瞳孔散大固定。脑干反射全部或大部分消失，包括头眼反射、瞳孔对光反射、角膜反射、吞咽反射、睫毛反射消失，无心跳和脉搏。